Section de l'Ingénieur

G.-H. NIEWENGLOWSKI

CHIMIE

DES

MANIPULATIONS PHOTOGRAPHIQUES

PHOTOCOPIES POSITIVES

GAUTHIER-VILLARS

MASSON ET Cⁱᵉ

ENCYCLOPÉDIE SCIENTIFIQUE DES AIDE-MÉMOIRE

ENCYCLOPÉDIE SCIENTIFIQUE

DES

AIDE-MÉMOIRE

PUBLIÉS

SOUS LA DIRECTION DE M. LÉAUTÉ, MEMBRE DE L'INSTITUT

Ce volume est une publication de l'Encyclopédie scientifique des Aide-Mémoire ; L. Isler, Secrétaire général, 20, boulevard de Courcelles, Paris.

Nᵒ 240 B

ENCYCLOPÉDIE SCIENTIFIQUE DES AIDE-MÉMOIRE

PUBLIÉE SOUS LA DIRECTION

DE M. LÉAUTÉ, MEMBRE DE L'INSTITUT.

CHIMIE

DES

MANIPULATIONS

PHOTOGRAPHIQUES

PHOTOCOPIES POSITIVES

PAR

G.-H. NIEWENGLOWSKI

Préparateur de chimie à la Faculté des Sciences de Paris
Directeur du journal *La Photographie*

PARIS

GAUTHIER-VILLARS, | MASSON et Cⁱᵉ, ÉDITEURS,

IMPRIMEUR-ÉDITEUR | LIBRAIRES DE L'ACADÉMIE DE MÉDECINE

Quai des Grands-Augustins, 55 | Boulevard Saint-Germain, 120

CHIMIE

MANIPULATIONS PHOTOGRAPHIQUES

—

PHOTOCOPIES POSITIVES

CHAPITRE PREMIER

—

PHOTOCOPIES AUX SELS D'ARGENT
PAR NOIRCISSEMENT DIRECT

1. Papiers au chlorure d'argent. — Si l'on expose à la lumière du chlorure d'argent pur (¹), soit isolé, soit réparti à la surface d'un papier formé seulement de cellulose pure (papier filtre), on voit ce corps qui, préparé dans l'obscurité, est blanc, se foncer progressivement et arriver à une teinte gris violacé pâle. Certaines expériences, dues notamment à Güntz et à Carey-Lea, permettent d'assimiler le produit de cette réaction, d'ailleurs extrèmement lente, au sous-

---

(¹) G. H. NIEWENGLOWSKI. — *Chimie des Manipulations photographiques*, I, **1** à **9**. Encyclopédie scientifique des Aide-Mémoire.

chlorure d'argent (Ag^2Cl) préparé directement à partir du sous-fluorure.

Si, d'autre part, un morceau de ce même papier à filtrer est plongé dans une solution d'azotate d'argent, séché, puis exposé à la lumière, on constate à la longue une altération, mais si lente que l'on pourrait croire d'abord à l'insensibilité absolue de cette préparation ; au bout, cependant, de trois ou quatre jours, on aperçoit une teinte brun faible qui peut être attribuée à la décomposition du sel d'argent en métal libre, d'une part, et acide azotique, d'autre part ; or l'acide azotique dissout à froid l'argent ; c'est précisément à ce fait qu'est due la lenteur extrême de la réaction, contrariée au fur et à mesure par la réaction inverse ; si l'on ajoute une substance sur laquelle vienne se détruire l'acide azotique formé, la réaction est, au contraire, très rapide et quelques heures suffisent au noircissement, comme on le peut constater en opérant, non plus sur papier pur, mais sur un papier *encollé*, c'est-à-dire couvert d'une mince couche d'empois d'amidon, d'albumine ou de gélatine, comme le sont les papiers à écrire ordinaires. Si enfin l'on couvre un papier encollé d'un mélange de chlorure d'argent et d'azotate d'argent en excès, ou mieux, si l'on forme, par trempages successifs, d'abord dans une dissolution d'un chlorure, puis dans un bain d'azotate d'argent, ces deux sels dans la couche même de l'encollage, on obtient un papier à noircissement très rapide. L'encollage joue d'ailleurs dans ce phénomène un rôle considérable, comme l'ont reconnu, dès 1860, MM. Davanne et Girard :

« 1° Les épreuves en l'absence d'encollage sont grises et lourdes ;

« 2° L'abondance de l'encollage est la principale cause qui fait varier les tons du papier ;

« 3° Le ton est d'autant plus vif, la finesse paraît d'autant plus grande que l'encollage est plus abondant, si l'on n'excède pas d'ailleurs certaines limites indiquées par l'expérience ;

« 4° La gélatine fait virer vers le rouge pourpre, l'amidon vers le rouge orangé ([1]) ».

Il est d'ailleurs aisé de constater directement l'existence de combinaisons organico-argentiques de l'azotate d'argent avec l'albumine ou avec la gélatine ; ce sont précisément les produits d'altération de ces corps par la lumière qui règlent la teinte définitive de l'image. Ainsi l'albuminate d'argent, qui précipite par mélange des deux corps indiqués, devient, à la lumière, rouge brique.

Les travaux successifs de MM. Davanne et

---

[1] DAVANNE et GIRARD. — *Recherches sur la formation des images photographiques positives ;* Gauthier-Villars, 1864.

Girard, puis de Güntz conduisent à admettre qu'un tel papier sensible est, une fois insolé pendant un temps suffisamment long, formé de trois couches superposées : dans la région tout à fait superficielle où l'action de la lumière n'a été ralentie à aucun moment, la réduction des sels d'argent a été complète ; le résidu n'est autre que de l'argent métallique à un état d'extrême division ; la couche intermédiaire qui bientôt a été protégée de la pleine lumière par le brunissement de la zone superficielle est constituée surtout de sous-chlorure d'argent violet ; enfin la couche la plus profonde à laquelle la lumière n'a pu avoir accès est exclusivement formée de chlorure d'argent inaltéré.

2. — Dans la pratique industrielle, les papiers sensibles pour noircissement direct peuvent être préparés soit *par trempage*, soit à l'état d'*émulsion*.

Le premier mode est surtout utilisé pour les papiers dits « salés » et « albuminés » : on fait flotter une feuille de papier bien pur à la surface d'un léger empois d'amidon ou d'une dissolution d'albumine additionnés l'un ou l'autre d'une forte proportion d'un chlorure métallique soluble ; la nature du chlorure adopté semble influer un peu sur la teinte de l'image. Le papier ainsi traité est séché et peut ainsi se conserver indéfiniment ; pour le sensibiliser, on le fait flotter, quelques jours au plus avant l'emploi, sur un bain à 10 °/₀ d'azotate d'argent, puis on le met à sécher en un endroit obscur ; l'addition de certaines substances, en particulier d'acide citrique, permet de conserver, pendant plusieurs mois, le papier ainsi sensibilisé. Il est avantageux de le soumettre, au moment de l'emploi, aux vapeurs qui se dégagent d'une cuvette d'ammoniaque ; le gaz ammoniac absorbé par la préparation sensible s'empare. du chlore provenant de la décomposition du chlorure d'argent par la lumière et de l'acide azotique provenant de celle de l'azotate d'argent ; le noircissement est, dans ces conditions, bien plus rapide ; ce mode opératoire, fort en honneur il y a quelques années, a malheureusement été abandonné de la presque totalité des amateurs.

Le second mode de préparation des papiers sensibles n'est applicable qu'industriellement : c'est ainsi que sont fabriqués, depuis quelques années, les papiers sensibles à noircissement direct sur gélatine (aristotypiques) et sur collodion (celloïdine). Ces papiers, dont les manipulations semblent de prime abord plus faciles, ont rapidement conquis une vogue imméritée : ils n'ont jamais fourni de résultats aussi satisfaisants ni aussi stables que les papiers salés ou albuminés, surtout si ceux-ci sont sensibilisés par l'opérateur même qui doit les employer.

3. Théorie du virage. — Après insolation partielle d'un papier sensible sous un dessin à fond transparent, les régions protégées, par les parties opaques du dessin, de l'action de la lumière sont restées incolores, mais sont aussi sensibles qu'auparavant à l'action de la lumière ; il est donc de toute nécessité, si l'on veut conserver intacte cette photocopie, de détruire dans les blancs la substance sensible inaltérée ; c'est ce qui se peut réaliser, entre autres procédés, par une solution d'hyposulfite de sodium qui, dans le cas au moins des papiers albuminés, doit être plus étendue que celle utilisée au fixage des négatifs ; MM. Haddon et Grundy recommandent, en ce cas, l'emploi d'une solution concentrée à 10 % comme éliminant plus rapidement que toute autre ([1]) l'excès de substance sensible.

L'hyposulfite de sodium transforme, d'une part, le chlorure d'argent en produits solubles, comme nous l'avons montré déjà. D'autre part, le sous-chlorure Ag^2Cl est, à son contact, dédoublé en chlorure d'argent, qui se trouve aussitôt éliminé, et en argent métallique, qui contribue seul à former l'*image fixée* :

$$Ag^2Cl = AgCl + Ag.$$

([1]) HADDON et GRUNDY. — *Fixage des papiers sensibles albuminés*. Journal *La Photographie*, 1er novembre 1897, p. 161.

Mais, dans l'état sous lequel il se présente à nous dans l'image fixée, l'argent constitue un dépôt jaune rougeâtre, de teinte absolument inacceptable, qu'il faut, par suite, modifier soit en transformant l'argent en un composé de coloration plus agréable, soit par la substitution ou l'adjonction d'un autre métal ; c'est ce que réalise l'opération du virage, qui peut d'ailleurs être effectuée soit après le fixage (et c'est ce mode opératoire qui, pendant longtemps, fut le seul adopté), soit, au contraire, en premier lieu, comme cela se fait le plus communément aujourd'hui.

Nous n'insisterons pas sur le premier mode de coloration que nous avons mentionné : transformation de l'argent en un composé coloré ; disons seulement qu'une dissolution d'hyposulfite de sodium acidulée, ou partiellement décomposée par l'addition d'un sel métallique autre que celui d'un métal alcalin ou alcalino-terreux, transforme, par le sulfure alcalin et l'hydrogène sulfuré libre qu'elle tient alors en dissolution, le chlorure argenteux et l'argent métallique libre en sulfure d'argent, d'un beau noir brun, corps dont malheureusement les affinités chimiques très énergiques entraîneront vite la transformation en un autre composé, celui-là incolore, le sulfate d'argent ; à ce moment, l'image aura disparu. C'est ce qui se produit à la longue par l'action de l'oxygène de l'air sur toute image photographique ainsi sulfurée dans l'un des bains dits *de virage-fixage* (1).

4. — Le plus communément, le changement de coloration est obtenu par la substitution partielle d'un autre métal à l'argent qui constitue l'image, si l'on a pour cela la précaution de choisir un métal absolument inaltérable, comme le sont l'or et le platine ; on accroît notablement la résistance de l'image aux diverses influences. qui, par la suite, peuvent tendre à sa destruction, et l'on prolonge d'autant sa durée. En opérant avec soin et en évitant l'introduction dans chaque bain de matières étrangères, on obtient, par ce procédé, des épreuves absolument inaltérables. Un métal plongé dans la dissolution d'un sel métallique, dont le métal est moins oxydable, tend à mettre ce dernier en liberté, tandis que lui-même passe à l'état de sel ; ce phénomène aura lieu précisément si l'on plonge dans une dissolution d'un sel d'or une photocopie positive à l'argent : un peu d'or se déposera sur chaque grain d'argent qui se trouvera ainsi emprisonné dans une mince gaine d'or, tandis qu'un peu d'argent aura disparu à l'état de sel.

---

(1) BOTHAMLEY. — *Dangers des bains de virage-fixage.* Journal *La Photographie*, 1er février, 1898, p. 18.

Si, par exemple, le sel d'or choisi est le chlorure d'or, de beaucoup le plus facile à préparer
pur, 324 grammes d'argent passeront à l'état de
chlorure d'argent, tandis que 196 grammes d'or
les viendront remplacer (le chlorure d'argent
ainsi formé sera d'ailleurs, par la suite, entraîné
dans le bain de fixage) :

$$3Ag + AuCl^3 + Aq = Au + 3AgCl + Aq$$

On voit que la quantité d'or déposée dans
cette réaction est bien inférieure à la quantité
d'argent qui a disparu ; ainsi s'explique-t-on la
perte d'intensité d'une épreuve virée ; on y re-
médiera d'ailleurs aisément en poussant un peu
plus l'insolation.

Ici encore, la teinte résultante dépend, dans
une large mesure, des conditions dans lesquelles
est effectuée cette précipitation. La nature même
des divers corps en présence desquels on peut
opérer est d'ailleurs à peu près indifférente,
et la cause prépondérante des variations de
teinte qui se peuvent observer en passant d'un
bain à un autre réside surtout dans le degré
d'acidité ou d'alcalinité du bain.

« Le photographe peut à son gré placer son
bain de virage dans telles ou telles conditions
d'acidité (par un acide faible), d'alcalinité ou de
neutralité qu'il désire ; il a ainsi, entre les mains,
une véritable palette qui lui permet de varier à

volonté le ton de ses épreuves. Les nombreuses formules conseillées chaque jour pour des bains de virage prétendus nouveaux n'atteignent d'autre résultat que de placer avec plus ou moins de justesse la solution d'or dans l'une ou l'autre de ces trois conditions ([1]) ». Le meilleur guide dans la préparation d'un bain de virage est donc l'essai de neutralité effectué soit au tournesol, soit à tout autre réactif coloré équivalent. L'on constate ainsi que, si deux bains de virage préparés à l'acétate de sodium, tous deux avec une même quantité de ce sel, mais employant dans un cas l'acétate cristallisé et, dans l'autre, l'acétate fondu, donnent des résultats très différents, ceci tient simplement à ce fait que le bain préparé au moyen de l'acétate cristallisé est franchement acide, tandis que l'autre est plutôt alcalin.

Si l'on fait des essais comparatifs en se plaçant chaque fois dans des conditions aussi voisines que possible, on constate « que la rapidité du virage croît en proportion directe de l'acidité, c'est-à-dire que le bain au carbonate de soude est plus lent que celui à l'acide acétique, et que le ton des épreuves virées et *fixées* partant du rouge avec l'acide acétique, passant par le violet avec le bain parfaitement neutre, atteint

---

([1]) DAVANNE et GIRARD. — *Loc. cit.*

dans les bains alcalins une coloration noire, d'autant plus prononcée que la proportion d'alcali est plus considérable ([1]) ».

Il est seulement essentiel de détruire, par l'addition d'un alcali ou d'un sel à acide faible, l'acide chlorhydrique libre qui toujours accompagne le chlorure d'or. A ce propos, d'ailleurs, on préférera toujours au chlorure d'or jaune, le chlorure brun fondu, en général beaucoup plus pur et par suite plus avantageux. La destruction de l'acide chlorhydrique se fera, de préférence, au moyen d'un corps insoluble, par exemple la craie pulvérisée (carbonate de calcium), qui n'introduira dans le bain que le minimum de substances étrangères et permettra dès lors de réaliser, aussi souvent qu'on le voudra, des bains de virage très sensiblement identiques l'un à l'autre.

Si l'on prépare une dissolution de chlorure d'or alcalinisée par l'addition de quelques gouttes d'une solution d'un carbonate alcalin; ou mieux exactement neutralisée par agitation prolongée avec du carbonate de calcium, on peut constater, surtout si l'on abandonne le bain en pleine lumière, que la teinte jaune paille qu'il avait au début disparaît progressivement. A ce

---

([1]) DAVANNE et GIRARD. — *Bulletin de la Société française de Photographie,* 6 novembre 1863.

moment, la coloration brune caractéristique que
détermine toujours l'addition d'iodure de potassium à la solution d'un sel aurique, ne peut plus
être constatée. On peut reconnaître, en effet [1],
que le chlorure $AuCl^3$ a disparu, laissant place
au protochlorure $AuCl$ avec lequel la réaction
du virage substitue cette fois 196 grammes d'or
à 108 grammes d'argent, soit une quantité triple
de celle qu'eût donnée le trichlorure d'or :

$$AuCl + Ag = Au + AgCl.$$

A ce moment, on ne risque donc plus, par
l'opération du virage, de faire disparaître les
demi-teintes légères de l'épreuve; mais ce sel
d'or au minimum risque d'être, sinon précipité,
du moins annihilé par la présence de la moindre
trace d'un alcali en excès. « Si, au contraire, le
bain est parfaitement neutre, et conservé à l'abri
de l'air et de la lumière, il doit garder indéfiniment son activité première, rien ne venant modifier le protochlorure d'or [2] ».

Si, pour une raison ou pour une autre, le
bain devenait inactif par la formation, dans ces
conditions, d'un composé sous-aureux et, pratiquement, ce sera là le cas général, car il est
naturellement impossible de conserver parfaite-

---

[1] MERCIER. — *Virages et fixages.* Gauthier-Villars, 1892, t. I, p. 44 et suiv.
[2] MERCIER. — *Loc. cit.*

ment neutre une solution d'or, même en présence de la craie (l'eau, chargée par l'air de gaz carbonique, en transforme une infime proportion en bicarbonate de calcium soluble, suffisant pour communiquer au bain une réaction alcaline), il suffira d'ajouter à cette solution, au moment de l'emploi, une très faible proportion du sel aurique primitif pour lui restituer aussitôt toute son activité.

5. Pratique du virage. — Le virage à la craie, indiqué par M. Davanne, est sans contredit le meilleur au point de vue de la stabilité des épreuves.

Nous en donnons la pratique, extraite d'une « Introduction pour l'emploi du papier au collochlorure d'argent préparé par Lamy ». Il serait à souhaiter que tous les industriels accompagnent leurs produits de notices aussi bien faites que celle-là.

Le *chargement du châssis-presse* doit être opéré rapidement à une très faible lumière du jour ([1]).

L'*exposition, à la lumière diffuse du jour* doit être poussée jusqu'à ce que l'impression soit devenue un quart plus forte qu'il ne le faut *fina-*

([1]) Pour un *tirage* de quelques épreuves, il n'est pas nécessaire de vernir les négatifs, mais c'est indispensable pour un grand travail. Un tirage de longue durée sur un négatif non verni le tache de mille points noirs

lement parce qu'elle perd de sa force au virage et au fixage.

Un *premier lavage rapide* ([1]), à quatre eaux *froides*, *abondantes* et *successives*, est nécessaire pour enlever les sels d'argent solubles à l'eau. Dans la deuxième de ces eaux, il est indispensable de faire dissoudre deux grammes par litre de sel marin ([2]).

---

qu'on ne peut plus enlever. Voici la formule d'un bon verni *à froid* :

> Gomme laque brune en écailles,
>   ou gomme laque blanchie . .   14^{gr}
> Alcool rectifié à 95° . . . . . .   100^{cc}
> Verre concassé . . . . ce qu'il
>   en faut pour garnir le fond du flacon ;

faire dissoudre au bain-marie, 40°, dans un flacon *non bouché*, en agitant de temps en temps ; ou exposer aux rayons du soleil pendant une ou deux journées en agitant souvent. Après dissolution, laisser déposer pendant quelques jours. Décanter ensuite, et filtrer au papier. Puis, à la partie filtrée, ajouter 20 $^0/_0$ d'alcool à 95° saturé d'ammoniaque ; agiter un peu et s'en servir.

([1]) Ce lavage, ainsi que le virage et le fixage, peut se faire à une très faible lumière diffuse du jour, en prenant les précautions nécessaires pour que les images ne puissent être teintées.

([2]) Plus de sel ne serait pas utile et rendrait l'action du virage trop lente. L'eau salée transforme en chlorure d'argent les sels solubles non enlevés par la première eau. La précipitation de ces sels supprime la principale cause du jaunissement. Lorsqu'on emploie un *bain unique de virage et de fixage*, ce lavage préalable n'est pas nécessaire ; mais, par ce système de *bains*

Préparation du bain de virage. — Il faut d'avance préparer les deux solutions A et B suivantes :

A { Bain d'or inactif à la chaux (¹) ou vieux bain d'or. } {
Eau distillée *chaude* à 40° 1000ᶜᶜ
Blanc de Meudon (appelé aussi blanc d'Espagne) que l'on a écrasé (²) . 5ᵍʳ
Agiter et ajouter : Chlorure d'or pur et jaune. . . . 1ᵍʳ
Agiter et laisser refroidir.
}

Cette préparation doit se décolorer en refroidis-

---

séparés, c'est indispensable pour obtenir des blancs purs.

Si l'opérateur a beaucoup d'épreuves à traiter, il doit renouveler ce bain d'eau salée par chaque dizaine d'épreuves. Dans la première cuvette d'eau, les épreuves sont introduites successivement, une à une, jusqu'à ce que cette cuvette en contienne dix. Ensuite, sans interruption, elles sont retirées de cette première eau, encore une à une, égouttées et introduites de la même manière dans l'eau salée et dans les eaux qui suivent. Lorsque toutes les épreuves du *tirage* sont réunies dans la dernière eau très abondante de ce lavage, on procède au virage.

(¹) Ce système de virage neutralisé par la chaux a été indiqué il y a environ trente-cinq ans par M. Davanne. A notre avis, parmi les innombrables procédés recommandés, c'est toujours le meilleur, le plus pratique.

(²) Le blanc calcaire qui est dur et qu'on appelle « craie » ne remplit pas le but.

sant. Après cette décoloration, *elle ne vire pas.* C'est ce qu'il faut. Nous l'appelons *bain d'or inactif* ou *vieux bain*, parce qu'elle ne sert que de base au *bain d'or actif* C, indiqué plus loin.

Il ne faut pas filtrer cette préparation A ; le blanc qu'elle renferme se dépose au fond du récipient et doit toujours y séjourner pour la maintenir à l'état neutre. Pour s'en servir, on *décante* la quantité nécessaire.

$$B \begin{cases} \text{Dissolution} \\ \text{de} \\ \text{chlorure d'or.} \end{cases} \begin{cases} \text{Eau distillée . . . } 100^{cc} \\ \text{Chlorure d'or pur} \\ \text{et jaune . . . . } 1^{gr} \end{cases}$$

C'est une proportion de ce chlorure d'or B, qui donne l'activité au vieux bain A.

Virage. — Au moment de virer, nous procédons comme suit : dans une cuvette horizontale, en porcelaine ou bien en bois et verre, nous versons du vieux bain d'or inactif A la quantité nécessaire pour que dix épreuves puissent y être immergées *très aisément* (environ quinze millimètres d'épaisseur).

Nous ajoutons quelques centimètres cubes de la dissolution d'or B et le bain de virage devient *actif.* Il doit être employé *immédiatement.*

Si, par exemple, il s'agit de virer des épreuves 13 × 18, nous prenons une cuvette de ce format, bien propre et *ne servant qu'à cet usage*, et nous y versons :

$$C \left\{ \text{Bain d'or actif.} \left\{ \begin{array}{l} \text{Vieux bain d'or} \\ \text{inactif A. . . . } 250^{cc} \\ \text{Dissolution de chlo-} \\ \text{rure d'or B (1). . } 5^{cc} \end{array} \right. \right.$$

Immédiatement[2] nous commençons le virage. Comme il est dit plus haut, nous avons d'avance lavé nos épreuves ; elles sont en attente dans la dernière cuvette d'eau[3]. Nous enlevons donc une épreuve de cette eau et, après l'avoir égouttée, nous l'immergeons dans le bain de virage actif C, nous la tournons, retournons vivement deux ou trois fois, et la plaçons face en dessous en évitant d'emprisonner des bulles d'air[4]. Nous ap-

---

(1) Une plus grande quantité d'or B ferait agir plus vite le virage, mais il ne le faut pas, parce que, pour produire le mieux, l'action virante ne doit être ni rapide, ni trop lente.

(2) Nous disons *immédiatement* parce que le chlorure d'or *neutralisé* par la chaux aussi bien que par les sels alcalins des autres procédés, ne reste pas longtemps en dissolution, il se dépose en partie, lentement et continuellement, en un précipité rose violacé.

(3) Lorsque le thermomètre dépasse 20°, il faut que les bains et l'eau de lavage soient très froids, sinon, pendant la manipulation, la couche se dissout sous les doigts, il en résulte des taches sur les images.

(4) Si l'opérateur, par un mauvais mouvement, emprisonne de l'air et arrête le retournement, le virage ne s'effectue pas sur l'emplacement de la bulle, il en résulte une inégalité de teinte qui fait tache.

puyons sur le dos de cette épreuve afin d'obtenir une nappe de bain par dessus. De la même manière, nous ajoutons d'autres épreuves sur cette première jusqu'à ce que dix images soient superposées. Puis, sans perdre de temps, nous prenons adroitement l'épreuve de dessous pour la placer dessus. Sans cesser, nous retournons semblablement toutes les épreuves, et, dès que nous en apercevons une *virée à point*, nous la retirons et l'immergeons dans une grande cuvette pleine d'eau que d'avance nous avons placée près de nous. Nous continuons ce travail jusqu'à ce que toutes les épreuves, arrivées graduellement à la teinte voulue, aient été retirées et placées dans cette cuvette.

La teinte que prend l'épreuve dans ce virage dépend, en partie, de la limpidité du négatif et du sujet qu'il représente. En général, on doit maintenir les épreuves à l'action de ce bain, en les retournant sans cesse jusqu'à ce que de *rouge brique* qu'elles étaient au début, elles soient devenues *brun foncé* ou *violacé clair*, et que le *reflet métallique* (vert bronze) des très grands noirs, s'il y a de ces noirs, *ait disparu.*

L'épreuve qui est maintenue dans le virage jusqu'au *brun foncé*, donne, après fixage, lavage et séchage, le ton qu'on appelle *rouge brun photographique.* Celle qui est poussée jusqu'au *noir violacé* donne le ton *noir pourpré* ou *brun pourpré*, et celle qui est poussée jusqu'au *violacé clair* donne un ton *noir chaud* ou *noir pur*. Ces renseignements ne sont qu'approximatifs, parce qu'il y a de nombreuses causes, difficiles à expliquer, qui font varier la teinte.

Après ce virage de dix épreuves, nous renforçons notre bain par cinq nouveaux centimètres cubes de la dissolution d'or B, afin d'en virer une nouvelle dizaine, et, par chaque autre série de dix, nous nous y prenons semblablement.

Lorsque toutes les images tirées sont virées, nous reversons notre bain dans la bouteille du *vieux bain d'or* A pour servir, une autre fois, de la même manière (¹).

Fixage. — On sort, une à une, de la cuvette

(¹) Cette autre fois, *au moment de virer*, nous procédons encore comme nous venons de l'indiquer, c'est-à-dire que nous ajoutons toujours à 250 centimètres cubes du vieux bain d'or inactif 5 centimètres cubes de la dissolution d'or B par chaque dizaine d'épreuves 13 × 18 et dans cette proportion pour les autres formats.

Le vieux bain d'or A devient, à l'usage, plein d'un précipité rose violacé. C'est là son caractère normal. Nous avons un tel vieux bain qui, depuis plusieurs années fonctionne toujours bien, quelle que soit la température, après l'addition réglementaire du chlorure d'or B; mais, pour le conserver comme nous, sans altération, l'opérateur doit veiller à ce que pendant l'opération du premier lavage et du virage, ses mains soient très propres et ne touchent à rien autre, surtout à l'hyposulfite.

d'eau où elles étaient réunies ces épreuves que l'on vient de virer et on les immerge aussi une à une, en évitant d'emprisonner des bulles d'air, dans un bain très abondant d'hyposulfite de soude, de 10 à 15 %.

Dans ce bain d'hyposulfite, l'épreuve devient immédiatement jaunâtre, puis elle passe par d'autres teintes : brun rouge, brun foncé, noir pourpré et noir. La rapidité de ces changements et celle du fixage dépendent de la température, de la quantité d'or déposée sur l'image et de l'état de l'hyposulfite ([1]). Si l'hyposulfite est neuf, le fixage s'opère plus rapidement et les teintes sont plus claires.

La durée du séjour de l'épreuve dans l'hyposulfite est, en été (entre 18 et 20°), suffisante pendant cinq à dix minutes. En hiver, dans un atelier chauffé entre 15 et 20°, il faut de dix à quinze minutes. Plus de temps est nuisible, surtout en été, parce que les images se sulfurent, prennent un ton noir foncé et que, très souvent, les blancs jaunissent.

Pendant le séjour des épreuves dans l'hyposulfite, il faut les tourner et les retourner plusieurs fois, en évitant d'emprisonner des bulles d'air. Chaque fois qu'on les abandonne, elles doi-

---

([1]) Dès que, après usage, le bain d'hyposulfite a déposé un précipité noir (sulfure d'argent, il faut le renouveler.

vent toujours être placées *face en dessous* pour éviter qu'elles ne se couvrent d'un dépôt qui les ternit.

Un seul bain d'hyposulfite, *neuf* et *très abondant*, suffit à la rigueur. Cependant *la plus grande durabilité possible* ne s'obtient, avec certitude, que par l'emploi de deux de ces bains. Dans ce dernier cas, il faut procéder ainsi : 1° Soumettre les épreuves pendant cinq à dix minutes (selon la température) à l'action du premier hyposulfite; 2° les passer, ensuite, une à une, dans deux eaux froides successives ; 3° les immerger de la même manière, pendant cinq minutes, dans un second hyposulfite neuf, composé comme le premier, et en les tournant et retournant tout le temps. Par ce système, le bain neuf qui a servi *en second* sera utilisé encore une fois, mais *en premier* le lendemain, tandis que, pour ce lendemain, le deuxième hyposulfite devra être tout neuf. Il en résultera que, chaque jour, il y aura un de ces bains, celui qui a servi deux fois, à jeter aux résidus.

Grand lavage. — Après fixage, les épreuves sont lavées à la manière habituelle, pendant une heure *au minimum*, en renouvelant abondamment l'eau toutes les cinq minutes. Pour opérer un bon lavage, les épreuves doivent être retirées une à une d'une cuvette pour les immerger aussi une à une dans une autre.

Le *lavage automatique*, c'est-à-dire au moyen d'une cuve profonde avec eau courante, n'est bon que si l'eau qui jaillit dans cette cuve agite et disperse continuellement toutes les épreuves.

Le *séchage* s'obtient en suspendant les épreuves, face en dessus, *à cheval* sur un bâton rond placé horizontalement et garni de papier buvard blanc. On peut aussi les suspendre, par un ou deux de leurs angles, à l'aide de pinces à ressort accrochées sur une ficelle tendue. On ne peut essorer les épreuves obtenues sur papiers brillants entre des feuilles de papier buvard [1].

6. Virages divers. — Les dimensions de ce volume ne nous permettant pas de décrire les nombreux procédés de virage et de fixage qui ont été proposés, nous renvoyons, notamment en ce qui concerne le virage au platine, à l'excellent traité de M. P. Mercier [2].

---

[1] Elles s'attacheraient toutes les peluches de ce papier.

[2] P. MERCIER. — *Virages et fixages*, Paris, Gauthier-Villars, éditeur.

CHAPITRE II

—

PHOTOCOPIES AUX SELS D'ARGENT
PAR DÉVELOPPEMENT

7. 1° Papiers à noircissement direct. — Avant de donner une image nettement visible sur les papiers à noircissement direct, la lumière forme une image latente susceptible d'être révélée.

On peut donc n'imprimer l'image que très légèrement et achever de la faire apparaître par un développement approprié.

C'est ainsi que M. Ch. F. Robinson a recommandé de procéder de la manière suivante pour le papier salé (¹) :

On insole jusqu'à légère apparition des demi-teintes et on plonge l'épreuve, sans lavage préalable dans :

Eau	100
Bromure de potassium . . .	10

(¹) *Bulletin de la Société française de Photographie*, 2ᵉ série, XI, p. 521, 1ᵉʳ novembre 1895.

durant dix minutes, et on la plonge dans un révélateur formé à l'aide des deux solutions :

$$A \begin{cases} \text{Eau} & 1000 \\ \text{Sulfite de soude} & 15 \\ \text{Hydroquinone} & 2 \end{cases}$$

$$B \begin{cases} \text{Eau} & 100 \\ \text{Bromure de potassium} & 6 \\ \text{Ammoniaque} & 2 \end{cases}$$

mélangées dans les proportions :

$$\begin{aligned} A & \quad 2 \\ B & \quad 1 \\ \text{Eau} & \quad 2 \end{aligned}$$

La solution B n'est versée que peu à peu. Si le
développement doit être suivi d'un virage, il ne
faut pas le pousser au delà d'une couleur rouge
faible. Pour ce qui concerne les papiers albuminés, au gélatino-chlorure, au collodio-chlo-
rure, etc., nous renvoyons à un article paru dans
le journal *La Photographie* [1].

8. 2° Procédés par développement. — Le
traitement des papiers au gélatino-bromure et des
plaques pour projections étant sensiblement le
même, au moins quant à la théorie, que celui
des plaques pour négatifs, nous ne répéterons
pas ici ce que nous avons dit dans le volume
consacré au phototype négatif [2].

---

[1] *La Photographie*, 1897.
[2] G.-H. NIEWENGLOWSKI. — *Chimie des manipulations photographiques*, I. Encyclopédie scientifique
des Aide-Mémoire.

CHAPITRE III

—

VIRAGES AUX FERROCYANURES MÉTALLIQUES

9. — On peut aisément substituer à l'argent constituant les noirs d'une image obtenue *par développement*, un métal ou un sel quelconque, au moyen des virages aux ferrocyanures métalliques qui permettent ainsi d'obtenir des images de diverses couleurs.

Ces virages ont fait l'objet de recherches très intéressantes de la part de M. L. P. Clerc ; nous reproduisons ci-dessous une grande partie de ce travail (¹).

Historique. — Les procédés de virage aux sels d'urane sont assez anciennement connus. II. Selle indiquait déjà, en 1866, cette opération comme mode de renforcement. D'assez bonnes formules furent indiquées, depuis cette époque, pour le virage en teintes variées des positives de projection ; une notice de Stieglitz, traduite au *Bulle-*

(¹) *Bulletin de la Société française de photographie*, 1899.

tin en 1892, a servi de point de départ à plusieurs préparations commerciales. Enfin, en 1894, le professeur Namias a esquissé une théorie générale de virage aux divers ferrocyanures colorés (*Photographische Correspondenz*).

THÉORIE

10. Généralités. — Si, dans une solution d'un ferricyanure métallique, on immerge une image constituée d'argent à l'état libre, le métal argent, ainsi introduit, réduit le ferricyanure métallique employé en donnant, d'une part, le ferrocyanure correspondant et, d'autre part, du ferrocyanure d'argent.

Si R représente un radical monovalent, nous pouvons exprimer comme suit la réaction produite :

$$2Fe^2Cy^{12}R^6 + \underbrace{4Ag}_{} = \underbrace{3FeCy^6R^4 + FeCy^6Ag^4}_{}.$$
$$\underbrace{\phantom{2Fe^2Cy^{12}R^6}}_{\text{Ferricyanure.}} \quad \text{Argent.} \qquad \text{Ferrocyanure.}$$

Si, dans les conditions opératoires où l'on se trouve placé, l'un ou l'autre des ferrocyanures ainsi formés est insoluble, on aura, en fin d'opération, transformé l'image primitive d'argent en une image de ferrocyanure qui, suivant les sels métalliques employés, pourra être soit plus opaque (urane, molybdène, etc.), soit, au contraire, plus faible (fer, cuivre, etc.) que l'image primitive.

Le plus grand nombre des ferrocyanures métalliques présentant des couleurs assez vives, on aura, par le soin judicieux du ferricyanure employé, la latitude de virer l'image noire fournie par le développement d'une émulsion sensible aux sels d'argent en une image de couleurs variées.

On pourra d'ailleurs, le plus souvent, transformer le ferrocyanure insoluble en d'autres sels diversement colorés ; cette méthode de virage se prête donc à un nombre presque indéfini de transformations de l'image primitive.

En employant un ferricyanure alcalin de potassium (prussiate rouge), par exemple en solution aqueuse, nous formerons, d'une part, du ferrocyanure de potassium (prussiate jaune) soluble, qui se diffusera dans la liqueur, et, d'autre part, du ferrocyanure d'argent, blanc opaque, insoluble dans l'eau, mais soluble dans l'ammoniaque, les hyposulfites, les cyanures et les sulfocyanates alcalins. L'utilisation limitée de ces réactions est utilisée dans divers bains faiblisseurs et particulièrement dans celui, bien connu, de Farmer (ferricyanure et hyposulfite).

Les divers ferricyanures métalliques nécessaires à ces virages ne se trouvant pas dans le commerce, certains d'entre eux étant d'ailleurs peu stables, on doit préparer, au moment même de l'emploi, une liqueur renfermant le ferricyanure que l'on se propose d'utiliser ; il suffit de mélanger en proportions déterminées une solution d'un ferricyanure alcalin quelconque, le plus généralement celui de potassium, et une solution d'un sel du métal choisi, sel qui, en principe, peut être pris arbitrairement s'il n'attaque pas directement l'argent métallique ; pour cette raison, le chlorure ferrique, le chlorure cuivrique, etc., ne peuvent être employés.

On doit, bien entendu, éviter soit la préexistence d'un ferrocyanure dans les solutions employées, soit sa formation pour toutes causes autres que celle ci-dessus énoncée. La solution du ferricyanure de potassium sera donc préparée, autant que possible, au moment même de l'emploi, avec des cristaux que l'on aura lavés pour les débarrasser de la croûte d'impuretés dont ils sont souvent revêtus. Les ferricyanures des métaux lourds, ou les mélanges en tenant lieu, étant tous plus ou moins affectés par la lumière, on n'effectuera le mélange des constituants et l'on ne procédera au virage qu'avec un éclairage faible, lumière d'une lampe ou d'un bec de gaz. On aura enfin pris soin d'éliminer ou de détruire tous corps autres que l'argent métallique, susceptibles de détruire le ferricyanure employé ; on devra s'attacher particulièrement à réaliser, de la

façon la plus complète, l'élimination des hyposulfites provenant du fixage ; après lavages complets, on pourra, pour plus de précautions, plonger
l'image à traiter dans une solution oxydante,
persulfate d'ammonium ou acide azotique en solution à 1 % au plus.

Dans le cas où le métal considéré forme plusieurs ferrocyanures de nuances différentes, toute
variation dans la proportion des solutions primitives favorise la formation de tel ou tel des
ferrocyanures et entraîne, par conséquent, une
variation dans la nuance de l'image définitive.

11. Virage aux ferrocyanures d'urane.
— On connaît, quoique assez mal, deux ferrocyanures d'urane ou, du moins, deux ferrocyanures doubles d'uranyle et de potassium :

L'un, d'une couleur rouge feu, a, d'après Atterberg (1), la composition

$$(1) \quad \left. \begin{array}{r} 5UO^2 \\ K^6 \\ (U = 240) \end{array} \right\} (FeCy^6)^{4}, 12Aq.$$

Ce produit, assez soluble dans l'eau pure, se
forme surtout quand, dans une solution concentrée de ferrocyanure de potassium, on verse
une petite quantité d'une solution diluée d'un

---

(1) ATTERBERG. — *Action des prussiates de potassium
sur les sels d'urane* (Bulletin de la Société chimique,
t. XXIV, p. 355).

sel quelconque d'uranyle. Dans ces conditions, en effet, on ne peut constater la formation d'un précipité ; les deux solutions primitives, dont chacune est jaune clair, donnent par leur mélange une liqueur limpide d'un rouge sang. Cette solution sursaturée du ferrocyanure rouge feu ne commence à déposer qu'après plusieurs jours de repos ; la présence de certains acides, l'acide acétique entre autres, semble accélérer cette précipitation. On conçoit d'ailleurs aisément que la précipitation en puisse être assez rapide pour être utilisée en tant que mode de virage si les réactions se produisent au sein d'une couche de gélatine qui, rendant plus difficile les mouvements des liquides, s'oppose à la diffusion des produits formés. L'autre ferrocyanure double d'uranyle et de potassium étudié par Atterberg a pour composition probable

$$(2) \qquad \left.\begin{array}{c} 3UO^2 \\ K^2 \end{array}\right\} (FeCy^6)^2 + 6Aq.$$

Ce sel rouge brun, insoluble dans l'eau pure, se forme seul si l'on verse goutte à goutte une solution de ferrocyanure de potassium dans une solution d'un sel quelconque d'uranyle. Le précipité se rassemble alors très rapidement en une masse opaque amorphe.

Comme la plupart des sels insolubles d'uranyle, ce ferrocyanure est transformé intégrale-

ment en produits solubles au contact des solutions même très étendues de carbonates. Les eaux
courantes renfermant toutes une certaine proportion de carbonate acide de calcium peuvent donc,
après une durée d'action plus ou moins prolongée, effacer toute trace de l'image virée par
dissolution du ferrocyanure qui la constitue.
Pour éviter à coup sûr cet inconvénient, on aci-
difie les eaux qui sont utilisées tant à la préparation des solutions qu'aux rinçages ; l'acide
choisi pour cet usage doit être suffisamment énergique sans cependant avoir d'action propre, soit
sur l'image primitive, soit sur les sels employés,
soit enfin sur les produits constituant l'image
définitive ; il serait, à ces divers points de vue,
difficile de remplacer par un autre l'acide acétique proposé depuis longtemps déjà dans les
formules de *virages à l'urane.*

Ce ferrocyanure d'urane étant facilement soluble aussi dans les solutions de ferricyanures,
on doit, dans la préparation du bain, éviter la
présence d'un trop grand excès de ce dernier sel.

En résumé, une image formée d'argent métallique se trouve, par son immersion dans un
mélange de ferricyanure de potassium et d'un
sel d'uranyle à réaction exactement neutre ou de
préférence en milieu acidulé par l'acide acétique,
transformée en un mélange de ferrocyanure
d'argent et d'un ferrocyanure d'urane.

Le ferrocyanure d'argent, blanc et opaque, nuit souvent à la pureté de l'image vue en transparence ; dans le cas donc où le traitement s'applique à une diapositive (vitraux ou projections) il est le plus souvent avantageux de dissoudre ce ferrocyanure d'argent, en évitant, bien entendu, de dissoudre aussi, ou d'altérer, le ferrocyanure d'urane ; or, l'hyposulfite transformerait partiellement le sel d'urane en sulfure noir, poussant le ton de l'image vers le brun foncé ; l'ammoniaque transformerait ce même sel en un uranate jaune pâle, peu visible ; le seul dissolvant pratiquement utilisable est donc, en ce cas, un sulfocyanate alcalin. On peut d'ailleurs sans aucun inconvénient adjoindre ce sulfocyanate au bain de virage. Cette adjonction nous semble, au contraire, une maladresse dans tous les cas où la transformation de l'image en ferrocyanure a pour but, non un virage, mais un renforcement, dans le cas, par exemple, où l'on cherche par cette opération à rendre utilisable une diapositive obtenue d'abord trop faible.

Connaissant la couleur des deux ferrocyanures d'urane susceptibles de se former au cours du virage, nous comprenons aisément que la prédominance du sel d'urane sur le ferricyanure dans le bain de virage favorisant la formation du ferrocyanure (2) amène à une image brune ; l'excès du ferricyanure, favorisant la formation du ferrocyanure (1), doit conduire à une image rouge ; mais l'excès du ferricyanure risque de faciliter la diffusion du ferrocyanure d'urane formé, tant dans les parties voisines de l'image que dans le liquide surnageant, et cela surtout si la cuvette où s'effectue le virage est agitée.

Reste maintenant à établir les formules de virage. Les sels d'uranyle que l'on peut le plus facilement se procurer sont l'azotate $(AzO^3)^2UO^2$, 6Aq et l'acétate $(C^2O^2H^3)^2UO^2$, 2Aq.

L'opération devant s'effectuer en milieu acidulé par l'acide acétique, il nous semble plus logique d'utiliser l'acétate qui, d'ailleurs, pour un même poids, renferme plus d'urane tout en coûtant moins cher que l'azotate. La solution se fait à froid. Nous choisirons, comme ferricyanure, le ferricyanure de potassium $Fe^2Cy^{12}K^6$ (cristaux anhydres) que nous dissoudrons, également à froid, avec les précautions déjà indiquées.

Si, comme il est d'usage dans la plupart des formules déjà publiées, nous préparons au même titre les solutions du sel d'urane et du ferricyanure, il nous est facile de calculer quelles sont les proportions relatives de ces deux solutions qui nous conduiront à l'obtention de l'un ou l'autre des deux ferrocyanures.

La considération des diverses formules données permet de reconnaître que, pour la formation du ferrocyanure brun insoluble (2), la proportion des constituants doit, en l'absence de sulfocyanate, être de 8 molécules de ferricyanure de potassium ([1]) pour 18 molécules du sel d'urane ([2]).

En prenant 8 molécules de ferricyanure pour 15 molécules de sel d'urane, c'est le ferrocyanure rouge qui prend naissance.

12. Virage au ferrocyanure ferrique, (bleu de Prusse). — On connaît aussi deux ferrocyanures ferriques, nous admettons, pour ces corps, la constitution résultant des analyses publiées par M. Wyrouboff ([3]).

Le précipité colloïdal bleu intense que l'on obtient en versant quelques gouttes d'une solution de ferrocyanure de potassium dans une solution d'un sel ferrique quelconque n'est autre que la belle couleur bleue désignée sous le nom de *bleu de Prusse*

$$Fe^8 (FeCy^6)^6, 16Aq$$

absolument insoluble dans l'eau, insoluble aussi dans les acides, au moins à froid, mais immédiatement décomposé par l'ammoniaque et les alcalis caustiques, en fournissant alors comme résidu l'hydrate ferrique.

([1]) Poids moléculaire = 658.

([2]) Poids moléculaire de l'acétate = 426 (de l'azotate = 504).

([3]) *Annales de Chimie et de Physique*, année 1876, 5e série, t. VIII, p. 463.

Si, au contraire, on verse, avec précaution, quelques gouttes d'un sel ferrique dans une solution de ferrocyanure de potassium, la liqueur se colore en bleu sans que l'on puisse constater la formation d'un précipité ; il s'est ainsi formé le *bleu soluble*, pseudo-ferrocyanure double ferrique et de potassium, que l'attaque par un alcali montre être non pas effectivement un ferrocyanure, mais plutôt un ferricyanure double ferreux et de potassium

$$\left.\begin{array}{c} Fe^6 \\ K^6 \end{array}\right\} (FeCy^6)^6$$

ou

$$2Fe^3(Fe^2Cy^{12}) + K^6(Fe^2Cy^{12}) ;$$

la solubilité, en toutes proportions, de ce dernier produit dans l'eau, rend impossible toute méthode de virage fondée sur sa formation ; on pourrait, à vrai dire, opérer en solution alcoolique, ou du moins ajouter au bain de virage une notable proportion d'alcool qui coagule le bleu de France ; mais cette complication n'aurait aucune raison d'être, la nuance de ce corps ne différant en rien de celle du bleu de Prusse dont la substitution régulière à l'argent de l'image est des plus faciles.

Un seul produit étant ici susceptible de se former, la teinte ne varie que très peu pour une variation, même considérable, dans les proportions des deux constituants ; on évitera seulement que, par l'emploi d'une proportion exagérée de ferricyanure, la formation de bleu soluble ne devienne prépondérante.

Le choix du sel ferrique que l'on utilisera à la préparation du bain de virage a une importance considérable ; comme nous l'avons fait remarquer déjà le chlorure ne peut être utilisé, car il attaque directement l'argent qu'il transforme en chlorure ; pour une raison analogue, l'azotate sera rejeté ; quoique, à vrai dire, nous ayons pu réussir quelques virages au moyen du sulfate ferrique, le résultat est, avec ce sel, des plus incertains. Les sels ferriques des acides organiques conviennent beaucoup mieux ; parmi eux, l'acétate, le citrate en solution aqueuse se dissocient spontanément ; ces solutions ne peuvent, par conséquent, être conservées ; nous choisissons donc le citrate double ferrique et d'ammonium ([1]) (citrate de fer ammoniacal).

$$\left.\begin{array}{l} H(AzH^4)^2 \\ Fe^2 \end{array}\right\} (C^6H^5O^7)^2.$$

Les proportions de ferricyanure de potassium et de citrate ferrique ammoniacal correspondant à la formation du ferrocyanure ferrique proprement dit, sont de 1 molécule de l'un pour 1 molécule de l'autre.

([1]) Poids moléculaire = 716.

Il est cependant avantageux, si l'on veut assurer des résultats très réguliers, de diminuer légèrement encore la proportion du ferricyanure ; l'heureuse influence d'une certaine quantité d'acide acétique, s'opposant à la formation de sels basiques insolubles, a été maintes fois déjà constatée.

C'est dans le cas surtout du virage au bleu de Prusse que l'on doit se garder avec le plus grand soin de l'accès de la lumière : on reconnaîtra aisément, en effet, dans la formule du bain de virage celle même du bain sensibilisateur pour papiers au *ferro-prussiate*.

Il est avantageux, le plus souvent, d'éliminer de l'image le ferrocyanure d'argent dont l'opacité masque un peu les finesses de l'image ; on ne peut plus, en ce cas, mélanger au bain de virage un dissolvant des sels d'argent : l'ammoniaque, l'hyposulfite, les sulfocyanates ont, en effet, une action propre sur les sels ferriques, concourant à la préparation du bain ; on ne pourra donc que plonger l'image virée, puis sommairement rincée, dans une solution d'hyposulfite, qui seule peut convenir, étant seule sans action sur le bleu de Prusse formé.

13. Virage au ferrocyanure de molybdène. — On prépare aisément un sel proprement dit de molybdène en dissolvant, dans un acide faible, l'acide acétique par exemple, un molyb-

date alcalin, le molybdate d'ammonium ordinaire (¹).

$$Mo^7O^{24}(AzH^4)^6, 4Aq.$$

A partir de ce sel, que l'on fera réagir sur du
ferrocyanure de potassium, on pourra préparer
deux ferrocyanures de molybdène distincts, l'un
soluble, l'autre insoluble.

Le précipité brun feuille morte, obtenu en
versant quelques gouttes de ferrocyanure de
potassium dans la solution ci-dessus indiquée du
sel de molybdène, a pour composition (²).

$$\left.\begin{array}{c} 3MoO^2 \\ K^2 \end{array}\right\} (FeCy^6)^2,\ 2MoO^3,\ 20Aq.$$

Avec un excès de ferrocyanure de potassium,
on obtiendrait un liquide brun, limpide, renfermant l'autre ferrocyanure double

$$\left.\begin{array}{c} MoO^2 \\ K^6 \end{array}\right\} (FeCy^6)^2,\ 2MoO^3,\ 12Aq,$$

évidemment inutilisable, vu sa solubilité, à l'obtention d'une image colorée.

Les formules indiquent, pour la réalisation
du ferrocyanure insoluble, la proportion de
15 molécules de molybdate d'ammonium pour
28 molécules de ferricyanure de potassium.

On ne peut, au bain de virage, ajouter l'un

(¹) Poids moléculaire = 1236.
(²) WYROUBOFF, *loc. cit.*

des dissolvants déjà énumérés du ferrocyanure d'argent, chacun étant susceptible de réagir sur le sel molybdique employé.

Si donc nous devons éclaircir l'image définitive, nous plongerons l'image, sommairement rincée, dans l'hyposulfite de soude, puis nous laverons à l'eau pure. L'ammoniaque dissoudrait rapidement le ferrocyanure de molybdène formé par le virage.

14. Ferrocyanures incolores. — Les sels des divers autres métaux appartenant de près ou de loin à la famille du fer ne nous semblent pas utilisables à la préparation de bains de virage analogués. Le chrome n'a pas, en effet, de ferrocyanure insoluble ; d'autre part, tous les dissolvants possibles des ferricyanures de manganèse, de cobalt ou de nickel dissolvent aussi les ferrocyanures correspondants.

Un certain nombre de métaux, et, en particulier, les métaux dits terreux et alcalino-terreux, ont, à vrai dire, leurs ferrocyanures insolubles en solutions concentrées, quand, de ces mêmes conditions, les ferrocyanures sont solubles ; c'est le cas, par exemple, pour l'aluminium, le zinc, le magnésium, le baryum, le calcium et le strontium ; les précipités de ferrocyanure sont malheureusement très lents à se former et les réactifs se diffusent, amenant la disparition progressive de l'image d'argent qui ne se trouve remplacée par rien, si ce n'est par le ferrocyanure d'argent blanc ; ces divers métaux n'ont d'ailleurs, à très peu près, que des sels incolores.

Nous avons pu, avec une solution d'acide vanadique dans l'acide acétique, mélangée en proportions convenables à du ferricyanure de potassium, réaliser un dépôt de ferrocyanure de vanadium sur l'image primitive ; ce dépôt blanc verdâtre, opaque, ne nous semble présenter aucun intérêt ; outre la rareté de ces sels, rendant peu pratique leur emploi, ce ferro-cyanure de vanadium ne nous a pas semblé, comme beaucoup d'autres précipités blancs de ferrocyanures, susceptible d'être transformé en un autre sel insoluble coloré.

Nous avons pu substituer à l'argent de l'image primitive un mélange de ferrocyanure d'argent et de ferrocyanure d'antimoine, tous deux blancs et opaques ; après avoir dissous du chlorure d'anti-moine dans l'eau acidulée par l'acide chlorhydri-que, on lui ajoute une solution de ferricyanure de potassium dans l'acide chlorhydrique dans la proportion de 658 grammes de ferricyanure pour 226^{gr},5 de chlorure d'antimoine anhydre.

Si les solutions ont été préparées comme pré-cédemment, au même titre, on prendra environ 20 centimètres cubes de la solution chlorhydri-que de chlorure d'antimoine pour 50 centimètres cubes de la solution chlorhydrique de ferricyanure. Le seul composé coloré en lequel nous pourrons transformer le ferrocyanure formé par ce virage est le sulfure orangé, absolument opaque et, par suite, inutilisable.

Les ferrocyanures stanneux et stannique que l'on peut réaliser par cette même méthode ne présentent eux aussi qu'un intérêt des plus médiocres, sauf cependant à être utilisés pour fixer certains colorants.

Nous avions espéré obtenir, en partant d'une image au ferrocyanure mercurique (virage dans un mélange de sulfate mercurique et de ferri-cyanure de potassium) une image rouge vermillon d'iodure mercurique ; nous n'avons pu, malgré plusieurs essais, arriver à des nuances franches, pratiquement acceptables.

On sait qu'il est assez facile d'obtenir, à partir d'une image blanche au ferrocyanure de plomb, du chromate de plomb (jaune de chrome) par simple immersion de l'image virée au plomb et rincée dans une solution d'un chromate alcalin.

Pour obtenir ce ferrocyanure de plomb $FeCy^6Pb^2$, $3Aq$, nous prendrons comme bain de virage un mélange d'acétate de plomb $(C^2O^2H^3)^2Pb$, $3Aq$ [1] de ferricyanure de potassium acidulé par l'acide acétique.

---

[1] Poids moléculaire $= 211$.

Les proportions de ces deux sels nécessaires à la formation du ferrocyanure, sans excès de l'un ou de l'autre constituant, sont de 1 molécule de ferricyanure pour 3 molécules d'acétate de plomb, soit en poids, 658 grammes de ferricyanure pour 633 grammes d'acétate de plomb. Si donc nous avons préparé les solutions au même titre, nous prendrons, plus simplement, des volumes égaux de ces deux solutions.

Les images que l'on se propose de transformer en jaune de chrome doivent, vu l'opacité assez grande de ce produit, être extrêmement faibles ; on devra, de plus, après transformation en ferrocyanure de plomb et avant passage au bain de chromate, éliminer le ferrocyanure d'argent par immersion dans une solution d'hyposulfite. Ces précautions, importantes surtout dans le cas d'une image destinée à la projection, seraient inutiles dans le cas d'une image vue par réflexion (papiers au gélatino-bromure, etc.).

15. Virage au ferrocyanure de cuivre. — L'addition de ferricyanure de potassium à une solution aqueuse pure d'un sel cuivrique détermine la précipitation d'un ferricyanure cuivrique verdâtre insoluble dans l'eau, mais soluble à volonté, soit dans l'ammoniaque, soit dans l'acide acétique, soit dans les oxalates en solution acide.

L'addition de ferrocyanure de potassium à

cette même solution de sel cuivrique donnerait,
à condition du moins que les solutions ne soient
pas trop diluées, un précipité gélatineux rouge
pourpre du ferrocyanure cuivrique

$$FeCy^6Cu^2, 7Aq\ (^1),$$

qui, quel que soit l'excès du sel de cuivre,
entraîne toujours avec lui une notable proportion
du ferrocyanure alcalin employé (Williamson).

On sait, d'autre part, que l'addition de ferrocyanure de potassium à une solution d'un sel de
cupro-ammonium (sel de cuivre additionné
d'une quantité d'ammoniaque suffisante pour
redissoudre le précipité d'abord formé) donne un
précipité jaune pâle, translucide, du sel

$$FeCy^6(CuAz^4H^6)^2, Aq,$$

insoluble dans l'eau, mais soluble dans l'ammoniaque en excès.

Si, pour le virage au ferrocyanure cuivrique,
nous cherchions à dissoudre le ferricyanure dans
l'ammoniaque ou si, ce qui revient au même,
nous ajoutions du ferricyanure de potassium à
un excès du sel de cupro-ammonium, nous
n'arriverions qu'à transformer en composés tous
solubles la substance primitive de l'image ; le
ferrocyanure tendant à se former serait, en effet,

---

(1) Rammelsberg. — *Poggendorf Annalen*, t. LXXIV,
p. 65.

le ferrocyanure de cupro-ammonium, lequel se dissoudrait, ainsi d'ailleurs que le ferrocyanure d'argent, dans l'excès d'ammoniaque employée [1].

Nous devrons donc, à l'exclusion de tous autres composés cuivriques, utiliser des solutions acides de ferrocyanure cuivrique ; il serait cependant pénible de redissoudre du ferricyanure cuivrique une fois formé ; nous devrons donc mettre en présence les constituants de ce sel dans des conditions où sa précipitation soit impossible.

Le cuivre nous sera fourni par un sel cuivrique n'ayant aucune action propre sur l'argent de l'image primitive ; les sels haloïdes de cuivre, transformés par l'argent en sels cuivreux, ne peuvent donc être employés ; les sels de cuivre des acides minéraux n'ont pu, d'ailleurs, nous fournir de résultats réguliers, et nous préférons, en conséquence, nous adresser au sel organique du cuivre le plus courant, l'acétate cuivrique $(C^2O^2H^3)^2Cu, Aq$ [2].

Les proportions de ce sel et de ferricyanure

---

[1] Nous avons relevé quelques formules utilisant pour le virage au cuivre de telles solutions ammoniacales; nous n'en avons pu obtenir aucun résultat, ce qui eût d'ailleurs été en contradiction avec les faits déjà connus.

[2] Poids moléculaire = 199.

de potassium qui correspondraient théoriquement à la formation du ferrocyanure de cuivre sont de 3 molécules du sel de cuivre pour 1 molécule du ferricyanure ; nous devrons seulement éviter avec le plus grand soin la présence d'un excès du ferricyanure alcalin, susceptible de réagir isolément sur l'argent en donnant du ferrocyanure de potassium, qui serait, sans profit pour la nouvelle image, occlus dans le ferrocyanure cuivrique. Si, d'autre part, on veut éviter les pertes résultant de la solubilité *apparente* du ferrocyanure cuivrique, il sera nécessaire d'opérer ce virage en solutions assez concentrées ; pour cela, les solutions primitives seront, par exemple, toutes deux au même titre de 10 pour 100, l'addition d'un dissolvant du ferricyanure devant abaisser par la suite cette concentration.

16. Virages simultanés. — On connaît nombre de procédés pour transformer certains de ces ferrocyanures en d'autres composés diversement colorés ; en particulier, la longue série de virages proposés pour les épreuves au ferro-prussiate s'applique intégralement aux images de ferrocyanure ferrique ; c'est ainsi, par exemple, que leur immersion presque instantanée dans des solutions considérablement diluées d'ammoniaque avivera leur teinte, donnant au bleu une légère nuance de violacé qu'il est malheureusement impossible de leur conserver entièrement. On sait aussi que l'immersion d'une épreuve virée à l'urane dans une solution d'un sel ferrique donne successivement une image verte, puis enfin bleue. Plutôt que d'utiliser ces virages successifs, il nous a semblé plus intéressant de pratiquer des virages simultanés, en mélangeant les bains en proportions diverses.

17. Virage aux ferrocyanures par bains séparés. — On a maintes fois indiqué, pour le virage aux divers ferrocyanures, l'immersion de l'image primitive dans une solution pure de ferrocyanure de potassium, dont le seul rôle est alors de transformer l'image en ferrocyanure d'argent après rinçages très complets pour l'élimination du mélange de ferricyanure et de ferrocyanure alcalin dont la couche est alors imprégnée ; on plonge l'image ainsi blanchie dans certains sels métalliques, où par substitution réciproque se forme le ferrocyanure correspondant ; ceci réussira surtout avec une solution de chlorure du métal, grâce à la formation très exothermique du chlorure d'argent. En particulier, l'immersion dans du chlorure ferrique fournit une image bleue que l'on débarrasse ensuite du chlorure d'argent qui l'obscurcit par immersion dans l'hyposulfite de sodium. Si le sulfocyanate d'ammonium est sans action sur le sel métallique utilisé, son adjonction éliminera le chlorure d'argent au fur et à mesure de sa

formation et, en même temps, favorisera l'opération du virage qui pourra ainsi s'achever
beaucoup plus rapidement.

Ce mode de virage, plus général que le précé-
dent, puisqu'il ne nécessite plus l'existence d'un
ferricyanure soluble, s'appliquerait, en particulier, au cobalt et au nickel; mais les ferrocyanures
de ces métaux opaques et à peine colorés ne pré
sentent aucun intérêt. Ce mode opératoire ne
nous semble plus facile que dans le virage au ferrocyanure cuivrique. De toute façon, il ne nous
semble pas que la gradation des demi-teintes et
la finesse des détails soient aussi bien conservés
que dans le virage en bain unique.

PRATIQUE (¹)

18. A. — Ces virages sont applicables à toute
image obtenue *par développement* d'une surface
sensible aux sels d'argent ; certains de ces procédés constituant de véritables renforcements,
d'autres, au contraire, des affaiblissements, on
devra, suivant le virage que l'on se propose
d'utiliser, arrêter le développement de l'image à
telle ou telle intensité. Il ne doit plus subsister,
dans l'image, la moindre trace d'une substance

(¹) *La Photographie.*, 1ᵉʳ février et 1ᵉʳ mars 1899.

réductrice ; en particulier, tous hyposulfites
auront dû être éliminés par lavages prolongés ;
ce qui peut en subsister après lavage sera détruit
par immersion dans un bain oxydant (acide
azotique ou persulfate d'ammonium, à 1 %).
Faute de cette précaution, il serait souvent
difficile de conserver aux blancs leur pureté, inconvénient qui serait surtout grave dans le cas
du virage des photocopies sur papier. Le bain de
virage sera constitué par un mélange de ferricyanure de potassium (prussiate rouge) et d'un
sel soluble du métal dont on se propose de
former le ferricyanure de potassium. Ces réactions ne réussissent bien qu'en solution acide
diluée ; nous préférerons à tout autre l'acide
acétique et préparerons donc tout d'abord la
solution A ci-dessous, commune à tous ces
virages :

$$
A \begin{cases} \text{Eau} \dots \dots \dots \dots & 100 \\ \text{Acide acétique cristallisable} \; . & 10 \\ \text{Ferricyanure de potassium.} \; . & 1 \end{cases}
$$

Cette solution s'altère assez rapidement et
surtout sous l'influence de la lumière ; on ne la
préparera donc qu'au moment de l'emploi.

B. VIRAGES AUX FERROCYANURES D'URANYLE. —
On prépare donc la solution :

$$
B \begin{cases} \text{Eau} \dots \dots \dots \dots & 100 \\ \text{Acide acétique cristallisable} \; . & 10 \\ \text{Acétate d'urane commercial} \; . & 1 \end{cases}
$$

Suivant la proportion employée des solutions A et B, on forme soit le ferrocyanure brun d'urane, soit, au contraire, le ferrocyanure rouge feu ; une proportion intermédiaire fournit un mélange brun rouge de ces deux colorants.

Pour obtenir à coup sûr l'un ou l'autre de ces deux ferrocyanures à l'état de pureté, il est, d'ailleurs avantageux d'exagérer la quantité de celui des deux constituants que l'étude théorique nous indique comme devant prédominer. On prendra, par exemple :

Nuance de l'image virée	Solution A	Solution B
Brun sépia	50^{cc}	100^{cc}
Brun rouge	50	70
Rouge feu.	50	50

Dans tous les cas où la formation du ferrocyanure rouge est possible (obtention des nuances brun rouge et surtout rouge feu), on tiendra compte de ce fait que ledit ferrocyanure est assez facilement soluble ; tous mouvements du liquide seront donc soigneusement évités, sous peine de voir l'image s'y diffuser progressivement.

Le nombre des tons réalisables par ce virage est presque illimité ; on ne peut toujours, en effet, arrêter l'opération avant que la réaction ne se soit produite sur toute l'épaisseur de l'image ; on aura donc, à volonté, un mélange, en proportions variables, du noir primitif et de la matière colorante formée. L'un et l'autre des ferrocyanures formés sont solubles dans l'eau ordinaire, grâce à la présence, dans cette dernière, de certains sels calcaires pour éviter l'emploi de l'eau distillée ; on ajoutera donc à l'eau destinée aux lavages une certaine proportion, 2 à 5 $\%$ par exemple, d'acide acétique. On pourrait utiliser, le cas échéant, le lavage à l'eau ordinaire pour affaiblir légèrement l'image ; mais, si l'image est trop intense, il est plus avantageux de l'éclaircir sans s'attaquer au sel d'urane en dissolvant seulement le ferrocyanure d'argent, blanc et opaque, qui s'y trouve incorporé ; on plonge, pour cela, l'image rincée dans une solution à 10 $\%$ de sulfocyanate d'ammonium, qui, sans inconvénient, aurait pu être ajouté au bain de virage ; nous préférons cependant ne l'utiliser qu'après coup, et seulement en cas de besoin. La même quantité du mélange peut virer successivement un certain nombre d'épreuves ; on ne peut le conserver d'une fois à une autre. Ce traitement convient particulièrement bien aux diapositives faibles, dont on peut ainsi tirer un excellent parti. Une image ainsi virée est d'une bonne conservation.

C. Virage au ferrocyanure ferrique (*bleu de Prusse*). — Le seul sel ferrique commercial donnant des résultats réguliers est le citrate double ferrique et d'ammonium (*citrate de fer ammoniacal*).

On prépare la solution :

$$C \begin{cases} \text{Eau} \dots \dots \dots & 100 \\ \text{Acide acétique cristallisable} . & 10 \\ \text{Citrate de fer ammoniacal} . . & 1 \end{cases}$$

On notera que les lumières bleues et violettes ramènent à l'état ferreux les sels ferriques ; on conservera donc cette solution à l'abri de la lumière naturelle, en flacon jaune foncé par exemple. Si, de plus, elle se trouble lors de son mélange avec le ferricyanure en donnant un précipité bleu caractéristique des sels ferreux, on la ramènera à l'état ferrique par l'addition de quelques gouttes de permanganate de potassium. Un excès de ferricyanure transformerait l'image en composés tous solubles ; on emploiera donc de préférence une quantité de sel ferrique supérieure à celle qu'indique la théorie, soit par exemple :

	Solution A	Solution C
Image bleue	5^{cc}	7.5^{cc}

L'image est tout d'abord d'un bleu verdâtre, et ce n'est qu'en prolongeant l'immersion dans ce bain bien au-delà de ce premier résultat que l'on arrive au bleu franc. Cette fois encore le bain doit être au repos pendant l'opération. On remarquera que le bain de virage n'est autre, à peu de chose près, que le mélange sensibilisateur pour papier au « ferro-prussiate » ; ce mélange doit donc être préparé et utilisé à l'abri de la lumière du jour, dans le laboratoire noir éclairé d'une lampe ou d'un bec de gaz, sans d'ailleurs qu'il soit besoin de verres jaunes ou rouges ; la cuvette sera, cette fois encore, couverte d'un carton ; on évitera enfin de soulever à plusieurs reprises la plaque ou le papier en traitement ; un séjour prolongé, voire exagéré, ne peut avoir aucun inconvénient ; toute agitation risque, au contraire, de compromettre le résultat.

Le rinçage peut s'effectuer à l'eau ordinaire ; il durera de dix minutes à un quart d'heure en eaux plusieurs fois renouvelées. Dans le cas des images destinées à être vues en transparence, on pourra, si on le juge utile, donner plus de transparence aux parties foncées en plongeant la plaque rincée dans un bain fixateur à l'hyposulfite, qui dissoudra le ferrocyanure d'argent. Contrairement à ce que nous avons indiqué pour le sulfocyanate d'ammonium dans le cas du virage à l'urane, l'hyposulfite ne peut être ajouté au bain de virage au fer. On peut modifier légèrement la nuance du bleu en plongeant pendant quelques secondes l'image virée dans une solution très diluée d'ammoniaque (1 % au plus) et rinçant ensuite à l'eau.

Le virage au ferrocyanure ferrique transformant l'image primitive noire en un composé bleu, perméable aux radiations actiniques, conslitue un procédé d'affaiblissement applicable aux phototypes normalement exposés, mais abandonnés trop longtemps dans le bain révélateur.

B. C. Virage mixte aux ferrocyanures d'urane et de fer. — On réalise à volonté une gamme étendue de nuances vertes en mélangeant en proportions quelconques le bain de virage *à l'urane* et le bain de virage *au fer*. On devra naturellement, en ce cas, prendre à la fois toutes les précautions indiquées pour l'un ou l'autre de ces virages utilisés isolément. On obtiendra, entre autres, un vert franc par le mélange à volumes égaux des trois solutions A, B et C.

D. Virage au ferrocyanure de molybdène. — Le seul composé molybdique d'usage courant étant le molybdate d'ammonium, on préparera la solution :

$$D \begin{cases} \text{Eau} & 100 \\ \text{Acide acétique cristallisable} & 10 \\ \text{Molybdate d'ammonium} & 1 \end{cases}$$

On peut, à volonté, obtenir pour l'image virée des tons se succédant du brun rouge au brun olivâtre, le ton tendant d'autant plus vers le rouge que la proportion du ferricyanure dans le bain devient plus grande :

Nuance de l'image virée	Solution A	Solution B
Brun sépia	50cc	60cc
Brun rougeâtre	60	60

L'excès du ferricyanure, dans ce dernier cas,

facilite malheureusement la diffusion dans le bain des produits qui devraient constituer l'image ; aussi doit-on éviter ici encore toute agitation de la cuvette. Il est beaucoup plus facile, avec ce mode de virage, de conserver aux blancs leur pureté que par le traitement aux sels d'urane. Le rinçage peut, sans aucun risque, s'effectuer à l'eau ordinaire. Si nous voulons, en fin d'opération, éclaircir l'image virée, nous la plongerons, après rinçage sommaire, dans le bain de fixage à l'hyposulfite, puis laverons de nouveau à l'eau pure.

E. Virage au ferrocyanure de plomb. — Ce procédé n'offre, en tant que virage, qu'un intérêt des plus secondaires ; aussi n'en voulons-nous parler qu'en tant que première opération d'un procédé de renforcement reconnu depuis long-temps, à l'Institut photographique de Vienne, comme le plus avantageux dans le cas particulier des clichés de trait (reproduction de gra·vures au trait), complètement inutilisable pour tous clichés à demi-teintes.

On prépare la solution :

$$E \begin{cases} \text{Eau} \dots \dots \dots \dots & 100 \\ \text{Acide acétique cristallisable} \ . & 10 \\ \text{Acétate de plomb} \ . \ . \ . \ . & 1 \end{cases}$$

et l'on mélange, pour l'emploi :

	Solution A	Solution E
Image blanche.	50^{cc}	50^{cc}

Après blanchiment complet de l'image, on rince longuement pour éliminer, à coup sûr, tout excès de sel de plomb soluble, et on abandonne enfin, jusqu'à noircissement complet, la plaque traitée dans une solution, à un litre quelconque, 5 % par exemple, de sulfure de potassium. L'image est, dès lors, d'une opacité absolue ; un rinçage de quelques minutes en eau courante suffit à entraîner l'excès du sulfure dissous.

F. Virage au ferrocyanure de cuivre. — Tant au point de vue de la stabilité des images virées que de la facilité des opérations, nous considérons le virage *au cuivre* comme bien inférieur aux divers procédés ci-dessus décrits ; nous citerons cependant pour mémoire le mode opératoire dont nous avons obtenu les meilleurs résultats.

A 3o centimètres cubes d'une solution d'acétate de cuivre à 1o %, nous ajoutons une solution à 1o % d'acide oxalique qui précipite en bleu ciel l'oxalate de cuivre ; nous redissolvons ce sel dans la solution saturée d'oxalate neutre de potassium (utilisée à la préparation du révélateur au fer) ; après redissolution, nous ajoutons 25 centimètres cubes d'une dissolution de ferricyanure de potassium à 1o % ; la liqueur claire ainsi obtenue, d'une couleur vert pomme, constitue le bain de virage. L'image virée a une teinte rouge pourpre ; elle s'affaiblit toujours très notablement au cours de ce virage.

CHAPITRE IV

—

PROCÉDÉS AUX SELS DE FER

**19. Action de la lumière sur les sels de
fer.** — On connaît deux séries de sels de fer dé-
rivant l'une de l'oxyde ferreux FeO (protoxyde),
l'autre de l'oxyde ferrique Fe^2O^3 (sesquioxyde),
et que, pour cette raison, on nomme sels ferreux,
sels ferriques. Par la simple action de l'oxygène
de l'air, soit dans l'obscurité, soit, plus rapidement, par exposition à une lumière rouge, le sel
ferreux passe à l'état de sel ferrique ([1]). Inversement, un sel ferrique au contact d'une substance
organique quelconque (acides oxalique, tartrique, sucre... papier) revient à l'état de sel ferreux, soit sous l'influence d'une lumière bleue,
soit plus simplement par exposition à la lumière
solaire, l'effet des rayons bleus figurant dans
cette lumière compensant et au delà l'effet inverse des rayons rouges.

([1]) De là provient précisément la difficulté de conservation des solutions de sulfate ferreux employées
à la préparation du révélateur à l'oxalate ferreux. Ces
dissolutions doivent autant que possible, être maintenues en pleine lumière.

Ces observations dues à Herschell (1842) furent confirmées et précisées par Poitevin (1860), qui en préconisa l'application à la photographie.

Enduisons, en effet, d'un sel ferrique une feuille de papier, et une fois séchée, exposons-la pendant un quart d'heure environ, à travers un dessin transparent, à la lumière directe du soleil. La lumière, dans les parties où elle a eu accès, a, par suite de la présence du papier, amené le sel ferrique à l'état de sel ferreux. Aux points protégés par les parties opaques du dessin, le sel ferrique s'est, au contraire, conservé. Nous avons donc, en somme, une image latente, qu'il nous sera facile de révéler, les réactions des sels ferreux étant très différentes de celles des sels ferriques.

20. Procédés au tartrate et au citrate ferrique. *Théorie.* — Les sels organiques de fer sont très sensibles à la lumière ; c'est ainsi que le citrate ferrique passe à l'état de citrate ferreux ; on peut rendre visible la présence de ce dernier par l'action du ferricyanure de potassium qui donne avec lui un précipité de bleu de Turnbull :

$$\underset{\substack{\text{Citrate} \\ \text{ferreux}}}{Fe^3(C^6H^5O^7)^2} + \underset{\substack{\text{Ferricyanure} \\ \text{de} \\ \text{potassium}}}{K^6Fe^2Cy^{12}} =$$

$$= \underset{\substack{\text{Bleu} \\ \text{de Turnbull}}}{Fe^3(Fe^2Cy^{12})} + \underset{\substack{\text{Citrate} \\ \text{de potassium}}}{2H^3(C^6H^5O^7)}$$

Pratique. — Dans la pratique, on imprègne le papier du mélange de citrate ferrique et de ferricyanure de potassium. Molileff (¹) a préconisé le mode opératoire suivant :

On prépare les deux solutions :

A { Eau 1000
  { Citrate de fer ammoniacal . . 200

B { Eau 1000
  { Ferricyanure de potassium (²) 160

qu'on filtre et mélange dans l'obscurité au moment de s'en servir, à volumes égaux.

La liqueur sensibilisatrice ainsi constituée est étendue au pinceau sur le papier; on peut aussi faire flotter ce dernier sur le bain.

La durée d'exposition à la lumière sera plutôt exagérée que trop courte.

Un simple lavage à l'eau suffit pour fixer l'image; si l'insolation a été trop longue, ce lavage sera prolongé assez longtemps; il sera de courte durée dans le cas contraire.

On renforce les bleus et on avive les blancs en passant l'épreuve après lavage dans :

Eau 100
Acide chlorhydrique 4

(¹) *Bulletin de la Société française de photographie* 1863, p. 210.

(²) La solution B s'altérant rapidement, il est préférable de ne la préparer qu'au fur et à mesure des besoins.

Fisch préfère le tartrate ferrique au citrate (¹);
à la solution :

Eau. 3₇5
Acide tartrique   95

on ajoute 80 centimètres cubes de perchlorure de
fer à 45°Baumé, et une quantité d'ammoniaque
suffisante pour neutraliser la solution, soit environ 175 centimètres cubes.

Dans la solution ainsi préparée, on verse la
liqueur :

Eau 3₇0ᶜᶜ
Ferricyanure de potassium. . .   80

Ce mélange serait, d'après Fisch, plus sensible que la liqueur au citrate.

21. Procédés au chlorure ferrique. — Le
chlorure ferrique est réduit sous l'action de la
lumière à l'état de chlorure ferreux ; la réaction
est accélérée en présence de substances organiques tels que l'acide oxalique ou l'acide tartrique.

Cette réaction est la base de plusieurs procédés
de photocopie que nous ne décrirons pas ici, ces
procédés étant exposés en détail dans d'autres
volumes de l'Encyclopédie Scientifique des
Aide-Mémoire (²).

(¹) A. FISCH. — *La Photocopie* (1886), p. 28.

(²) A. DE LA BAUME-PLUVINEL. — *La théorie des
procédés photographiques*.

G. H. NIEWENGLOWSKI. — *Applications de la pho-*

22. Sels de fer et de platine. — On doit ranger parmi les procédés aux sels de fer, ceux dits « procédés au platine » ; ces procédés étant très intéressants, nous leur consacrons un chapitre spécial.

---

tographie à l'industrie. Dans ce dernier volume, on trouvera seulement la description des procédés basés sur les propriétés hygroscopiques du chlorure ferreux.

CHAPITRE V

—

PLATINOTYPIE

23. Historique. — Les sels de platine sont réduits à la lumière en présence d'une substance organique oxydable et la réduction est d'autant plus rapide que la substance organique est plus facilement oxydable. C'est ainsi que si on expose à la lumière une solution d'un sel platinique dans l'éther (*chlorure platinique*), il passe d'abord à l'état de sel platineux (*chlorure platineux*); si l'insolation a une durée suffisante, celui-ci est réduit à son tour, et il se produit un dépôt de platine métallique sur les parois du vase.

C'est Herschel qui constata, le premier, l'action de la lumière sur une solution de platinate de chaux, obtenue en neutralisant un sel de platine [1] avec de la chaux; ayant exposé à la lu-

---

[1] R. HUNT. — *Researches on light*, 2e édition, 1854, p. 152. Voyez aussi :

Giuseppe PIZZIGHELLI et Arthur HÜBL. — *La platinotypie;* exposé théorique et pratique d'un procédé photographique aux sels de platine; traduit de l'allemand par Henry Gauthier-Villars, 2e édition française Paris Gauthier-Villars, éditeur, 1887 et Charles FABRE. — *Traité encyclopédique de Photographie*, t. III, p. 141, Paris, Gauthier-Villars, éditeur, 1890.

mière une dissolution de platine dans l'eau régale, il la vit se troubler alors que, conservée
dans l'obscurité, elle restait limpide.

En 1844, Hunt (¹) indiqua un procédé basé
sur l'emploi du platinocyanure de potassium.
Un papier imbibé d'une solution de ce corps et
exposé à la lumière derrière un cliché négatif,
donnait une image à peine visible, susceptible
d'être développée en la plongeant dans une solution de nitrate de mercure ou de nitrate d'argent.

Dobereiner étudia l'action de la lumière sur
les mélanges de chlorure platinique et de solution d'acide tartrique, d'acide formique, d'acide
oxalique ou tartrate de soude ; et sur les mélanges de chloroplatinate de potasse et de potasse caustique ou d'alcool.

Hunt, Herschel et nombre d'autres obtinrent
des images photographiques en utilisant ces diverses réactions ; Hunt, un peu plus tard, essaya
de sensibiliser le papier au moyen d'un mélange
d'oxalate ferrique et de chlorure mercurique.

Merget, en 1873 (²), se servait d'une solution
de chlorure platinique, de chlorure ferrique et
d'acide tartrique ; le papier, imbibé de cette solution et insolé derrière un négatif, donnait une

---

(¹) *Schnerger's Jahrbuch*, XVII, p. 122 et Fabre,
Traité encyclopédique de Photographie, III, p. 140.

(²) *Bulletin de la Société française de Photographie*,
1873.

image blanche due à la réduction du chlorure
ferrique à l'état de chlorure ferreux ; ce sel, dé-
liquescent, absorbe l'humidité de l'air et il suffit de soumettre l'image aux vapeurs de mercure
pour provoquer la réduction du chlorure platinique. Une fois l'image ainsi développée, un lavage à l'eau acidulée la débarrassait des sels de
fer. Merget essaya aussi les vapeurs d'hydrogène,
d'hydrogène sulfuré et d'iode comme développateurs. Mais ses recherches n'aboutirent à
aucun procédé réellement pratique.

Il n'en fut pas de même de celles de Willis
qui, en 1873, prit en Angleterre un brevet pour
l'exploitation de son procédé (¹). Il trempait le
support (bois ou papier) dans une dissolution
d'un sel de platine, d'iridium ou d'or, ou dans
un mélange de ces dissolutions ; il le faisait ensuite sécher et le recouvrait d'oxalate ou de tartrate ferrique ; après l'avoir à nouveau fait sécher, il l'exposait à la lumière, sous un cliché négatif, jusqu'à obtention d'une faible image brune,
qu'il traitait par une solution d'oxalate de potasse
pour lui donner sa teinte noire foncée définitive.

En 1878, Willis simplifia son procédé et prit
un 2ᵉ brevet (²) ; la principale modification con-
sistait à additionner de chlorure double de platine et de potassium, la solution d'oxalate de po-

____

(¹) Brevet anglais n° 2 011, 5 juin 1873.
(²) Brevet anglais, n° 2 800, 12 juillet 1878,

tasse. Enfin, en 1880, il indiqua de nouvelles simplifications dans un troisième brevet ([1]).

Mais ce sont surtout les travaux de MM. Giuseppe Pizzighelli et Arthur Hübl qui ont contribué à rendre pratique le procédé au platine. Ce sont les indications qu'ils ont donné que nous résumerons ici.

THÉORIE

24. — Un papier imprégné d'un mélange d'oxalate ferrique et de chlorure platineux ou platinique étant exposé à la lumière, l'oxalate ferrique, réduit, passe à l'état d'oxalate ferreux;

$$(1) \qquad Fe^2(C^2O^4)^3 = 2FeC^2O^4 + 2CO^2$$

$$\underset{\text{ferrique}}{\text{Oxalate}} \qquad \underset{\text{ferreux}}{\text{Oxalate}} \qquad \underset{\text{carbonique}}{\text{Gaz}}$$

L'oxalate ferreux, à son tour, réduit le sel de platine :

$$(2) \quad \begin{cases} 6C^2O^4Fe + 3PtCl^2 = 3Pt + \\ \underset{\text{ferreux}}{\underset{\text{Oxalate}}{}} \quad \underset{\text{platineux}}{\underset{\text{Chlorure}}{}} \quad \text{Platine} \\ + Fe^2Cl^6 + 2(C^2O^4)^3Fe^2 \\ \underset{\text{ferrique}}{\underset{\text{Chlorure}}{}} \quad \underset{\text{ferrique}}{\underset{\text{Oxalate}}{}} \end{cases}$$

$$(3) \quad \begin{cases} 12C^2O^4Fe + 3PtCl^4 = 3Pt + \\ \underset{\text{ferreux}}{\underset{\text{Oxalate}}{}} \quad \underset{\text{platineux}}{\underset{\text{Chlorure}}{}} \quad \text{Platine} \\ + 2Fe^2Cl^6 + 4(C^2O^4)^3Fe^2 \\ \underset{\text{ferrique}}{\underset{\text{Chlorure}}{}} \quad \underset{\text{ferrique}}{\underset{\text{Oxalate}}{}} \end{cases}$$

Mais ces réactions ne peuvent être complètes

([1]) Brevet anglais, n° 1 117, 15 mars 1880.

que si l'oxalate ferreux est dissous ; aussi faut-il plonger l'image dans un dissolvant de l'oxalate ferreux : le plus pratique est une solution d'oxalate neutre de potassium.

On constate durant le développement à l'oxalate, un dégagement de gaz qui, d'après MM. Pizzighelli et Hübl, serait dû à ce que l'oxalate ferrique, formé dans les réactions (2) et (3), réduirait une nouvelle quantité de chlorure de platine avec formation de chlorure ferrique et de gaz carbonique :

$$(C^2O^4)^3Fe^2 + 3PtCl^2 =$$

Oxalate   Chlorure
ferrique   platineux

$$= Fe^2Cl^6 + 6CO^2 + 3Pt$$

Chlorure   gaz
ferrique carbonique

On met souvent l'oxalate de potassium directement sur le papier ; ce qui fait qu'une immersion dans l'eau suffit pour révéler l'image.

En ce cas, on remplace l'oxalate ferrique par l'oxalate ferrico-potassique ou par l'oxalate ferrico-sodique qui se comportent d'une manière analogue à la lumière :

$$Fe^2(C^2O^4)^6Na^6 = 2C^2O^4Fe +$$

Oxalate   Oxalate
ferrico-sodique ferreux

$$+ 3C^2O^4Na^2 + 2CO^2$$

Oxalate   Gaz
de sodium carbonique

Enfin, le chlorure platineux étant insoluble

dans l'eau, on le remplace par le chloroplatinite
de potassium :

$$6C^2O^4Fe + 3Pt(Cl^4H^2) = 3Pt +$$

Oxalate　　Chloroplatinite　Platine
ferreux　　de potassium

$$+ 3(C^2O^4)^3Fe^2 + Fe^2Cl^6 + 6KCl$$

Oxalate　　　　Chlorure　Chlorure
ferrique　　　　ferrique de potassium

On ajoute souvent du chlorure mercurique à
la solution sensibilisatrice ; la lumière le réduit à
l'état de mercure et de chlorure mercureux qui
contribue à la réduction du sel de platine.

On ne peut employer d'autres sels de platine ;
ils sont tous trop difficiles à réduire ou à préparer ; il faut, en outre, éviter la production de
réactions secondaires avec les sels de fer.

L'image développée est fixée par un lavage
à l'eau acidulée par l'acide chlorhydrique qui
dissout les sels de fer et de platine non altérés.

Les réactions ci-dessus montrent que, théoriquement, il faut $0^{gr},69$ d'oxalate ferreux pour
réduire à l'état de platine métallique 1 gramme
de chloroplatinite de potassium. Ces $0^{gr},69$ d'oxalate ferreux doivent provenir de l'action de la
lumière sur $0^{gr},90$ d'oxalate ferrique. Mais il
faut en employer un léger excès en pratique ;
l'expérience a montré à MM. Pizzighelli et Hübl
que les meilleurs résultats étaient obtenus en
employant de 1 gramme à $1^{gr},2$ de sel ferrique
pour 1 gramme de sel de platine.

Quant à la quantité de sel de platine nécessaire pour sensibiliser une surface déterminée,
elle dépend du résultat à atteindre.

On obtient des images très noires en employant de $0^{gr},020$ à $0^{gr},025$ de chloroplatinite de
potassium pour 1000 centimètres carrés de surface ; il faut diminuer la quantité de sel de platine si on veut des images moins intenses destinées par exemple à être coloriées.

PRATIQUE

25. Procédé par noircissement direct (¹).
Encollage. — Le papier à sensibiliser doit être
assez fort (10 à 12 kilogrammes à la rame pour
le format raisin). On lui fait un encollage pour
en boucher les pores. Cet encollage se fait soit
à la gélatine qui donne à l'image des tons d'un
noir bleuâtre, soit à l'arrow-root qui lui donne
des tons d'un noir tirant sur le brun (papiers
dits *sépia*).

Les feuilles à encoller sont plongées une par
une dans la solution d'encollage et on enlève les
bulles d'air avec un pinceau ; on retire lentement la feuille et on la retourne pour la plonger
à nouveau dans le bain ; on égoutte et on laisse
sécher. Pour préparer l'encollage à l'arrow-root,
on broie 10 grammes de cette substance avec de

____

(¹) FABRE. — *Traité encyclopédique de Photographie* t. III, p. 142.

l'eau, on jette la bouillie ainsi obtenue dans 800 centimètres cubes d'eau bouillante, on retire du fer et on ajoute 200 centimètres cubes d'alcool.

Pour préparer l'encollage à la gélatine, on fait dissoudre 10 grammes de gélatine dans 600 centimètres cubes d'eau, on ajoute 3 grammes d'alun dissous dans 300 centimètres cubes d'eau et on additionne de 200 centimètres cubes d'alcool. Cette solution doit s'employer à la température de 20°.

On peut remplacer la gélatine par une dissolution de gélose (algues du Japon) : on fait dissoudre 3 grammes de gélose dans 325 centimètres cubes d'eau pure et on filtre sur une mousseline, après avoir ajouté 90 centimètres cubes d'alcool. L'alcool empêche, en partie, la formation des bulles d'air.

Sensibilisation. — On prépare les quatre solutions :

A	Eau	60^{cc}
	Chloroplatinite de potasse	10
B	Eau	100
	Oxalate sodico-ferrique	40
	Glycérine	3

(Filtrer soigneusement cette solution)

C	Solution B	100^{cc}
	Chlorate de potasse	$0^{gr},4$
D	Solution de chlorure mercurique à 5 $\%$	20^{cc}
	Solution d'oxalate de soude à 3 $\%$	40
	Glycérine	2

Le bain sensibilisateur, pour une feuille de papier mesurant o^m,45 sur o^m,58 sera composé ainsi :

Solution A	5^{cc}
Solution B	6
Solution C	2

si on désire des images noires.

Et,

Solution A	5^{cc}
Solution C	4
Solution D	4

si on désire des images sépia.

Le bain :

Solution A	5^{cc}
Solution B	1
Solution C	4
Solution D	3

donne des tons intermédiaires.

On étend la solution sensibilisatrice au pinceau (un pinceau mou en forme de brosse) sur le papier fixé, au moyen de deux punaises, sur une planchette ; un blaireau rond monté sur bois sert à égaliser la couche.

Le séchage ne doit pas durer plus d'un quart d'heure ; aussi se sert-on le plus souvent d'une étuve. Celle représentée par la *fig.* 1 est des plus simple : la monture est en buis ; les côtés en carton et le dessus est recouvert de toile sombre permettant à l'humidité de s'échapper, mais ne laissant pas passer la lumière.

Les feuilles de papier sont introduites par la porte A qu'on peut monter ou descendre à vo-

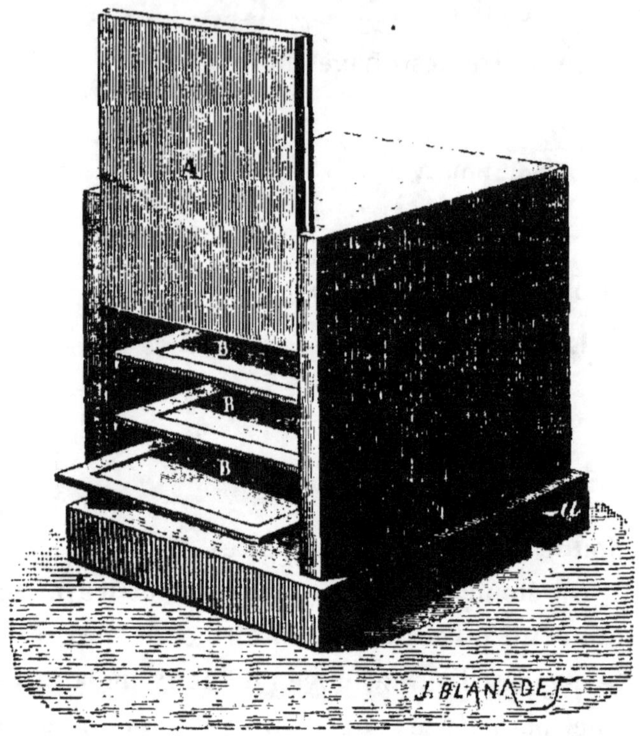

Fig. 1 — Étuve.

lonté dans des rainures ; on les fixe sur des mousselines tendues sur des cadres de buis. L'étuve est chauffée au moyen d'eau chaude contenue dans un réservoir situé au fond, réser-servoir qu'on remplit par le tube.

Le papier, sensibilisé et séché, doit être consservé dans une boîte en fer blanc contenant du

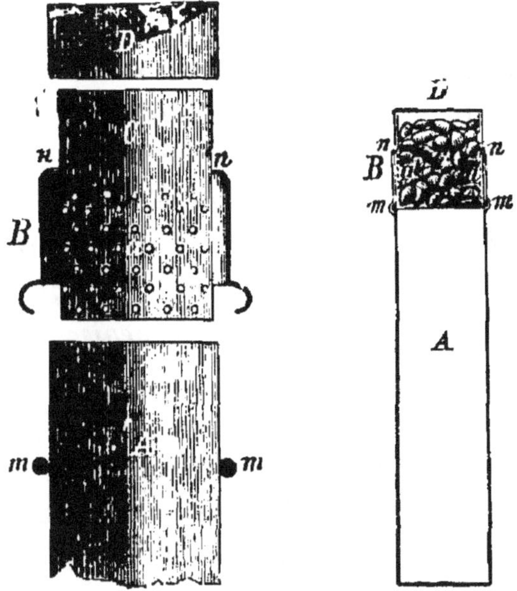

Fig. 2. — Boîte à chlorure de calcium.

chlorure de calcium (*fig.* 2).

Insolation et lavage. — L'insolation a lieu
au châssis-presse ; il est bon de mettre, entre le
dos du papier et le volet du châssis, une feuille
de caoutchouc pour préserver de l'humidité le
papier sensible ; si le temps est humide, il est
bon de chauffer légèrement les châssis-presse
avant l'insolation.

On arrête l'insolation lorsque l'image a pris la
teinte qu'elle doit avoir une fois terminée. On
la fixe alors dans le bain :

Eau 1000
Acide chlorhydrique. . . . . . . 12^{cc}

que l'on change jusqu'à ce qu'il ne jaunisse plus
au contact de l'épreuve.

26. Procédé perfectionné. — Dans le numéro du 6 mai 1892 du *Photographic News*,
M. Gunther a décrit un procédé perfectionné
d'impression directe en platine, de M. Pizzighelli,
procédé que nous décrirons d'après la traduction
de cet article donnée dans le n° du 15 juillet 1892
du *Bulletin de la Société française de Photographie.*

Des expériences faites par Pizzighelli, il résulte
que l'oxalate ammoniaco-ferrique est plus sensible que l'oxalate sodico-ferrique et que l'oxalate
de potasse est plus soluble et plus facile à se
procurer que l'oxalate de soude.

Le papier préparé avec ces deux substances
est plus sensible et donne des épreuves plus
brillantes ; on peut soit encoller d'abord le papier à l'arrow-root, puis le sensibiliser comme
d'habitude, soit le sensibiliser immédiatement
avec une liqueur épaissie à la gomme arabique.

Le Dr J. M. Eder a donné, dans le *Year Book
of Photography* pour 1892, une troisième méthode de sensibilisation très intéressante. On
emploie des substances résineuses pour l'encollage du papier. On l'imprègne, par exemple, par
une double immersion, dans des solutions alcooliques à 1 % de gomme Dammar, de colophane,
de benjoin, etc. Le papier ainsi préparé donne

des épreuves plus brillantes parce que ses pores sont, de la sorte, plus obstrués et que l'image reste mieux à la surface.

En ce qui touche les solutions sensibilisatrices, les nouvelles formules pour les papiers à l'arrowroot et à la résine sont :

Solutions de réserve

A {	Eau distillée	60^{cc}
	Chloroplatinite de potassium.	10
B {	Oxalate ammoniaco-ferrique.	40
	Solution d'oxalate de potassium à 5 $^0/_0$.	100^{cc}
	Glycérine	3
C {	Solution de fer B	100^{cc}
	Solution de chlorate de potassium à $^1/_{20}$	8
D {	Solution de chlorure mercurique à 5 $^0/_0$	20^{cc}
	Solution d'oxalate de potassium à 5 $^0/_0$.	40
	Glycérine	2

La solution d'oxalate de potassium à 5 $^0/_0$ est chauffée à 40° pour y dissoudre l'oxalate ammoniaco-ferrique ; en refroidissant, il se produit parfois un précipité qu'on sépare par filtration : le liquide filtré, clair est *conservé dans l'obscurité* ; il est bon d'ajouter une goutte d'acide phénique à la solution B pour éviter la formation de moisissures.

Pour sensibiliser une demi-feuille de papier,

si on veut obtenir des tons noirs et si on emploie un cliché de densité moyenne, on prend :

Solution A	5cc
Solution B	6
Solution C	2

Pour les clichés plus durs, on diminue, ou même on supprime complètement la solution C et on augmente, dans la même proportion la quantité de B ; si les clichés sont plus doux que la moyenne, on modifie en sens inverse.

Pour les tons sépia, on mélange :

Solution A . . . :	5cc
Solution C	4
Solution D	4

Sensibilisation du papier non encollé. — La substance épaississante est ajoutée à la liqueur sensibilisatrice. Les solutions à préparer sont alors :

A' {	Eau distillée	60cc
	Chloroplatinite de potassium.	10
	Oxalate ammoniaco-ferrique.	40
	Gomme arabique en poudre.	40
B' {	Solution d'oxalate de potassium à 5 %.	100
	Glycérine . . . . , . .	3
C' {	Solution gommeuse de fer B'.	100cc
	Solution de chlorate de potassium à $1/20$	8
	Solution de chlorure mercurique à 5 %	20cc
D' {	Solution d'oxalate de potassium à 5 %.	40
	Gomme arabique en poudre.	26
	Glycérine	2

Les solutions C′ et D′, altérables à la lumière doivent être conservées dans l'obscurité. La solution B′ est préparée en ajoutant l'oxalate ammoniaco-ferrique et la glycérine à la solution d'oxalate de potassium portée à la température de 40° ; la solution chaude est alors versée peu à peu, en agitant, sur la gomme arabique maintenue dans un mortier. Le reste des opérations se fait comme dans l'ancien procédé.

La solution B′ est épaisse, trouble et d'une teinte verdâtre. La lumière la décompose et elle est sujette aux moisissures.

Pour obtenir des images noires et, si on emploie des clichés de densité moyenne, la liqueur sensibilisatrice se prépare en mélangeant :

Solution de platine A′ . . . . . . 5^{cc}
Solution gommeuse de fer B′ . . 6
Solution C′ 2

Pour les images sépia, on mélange :

Solution A′ 5
Solution C′ 4
Solution D′ 4

La sensibilisation s'effectue comme d'habitude. Les nombreuses petites bulles d'air qui se produisent pendant l'application du mélange disparaissent complètement lorsqu'on égalise la couche avec un blaireau doux. On sèche à la façon ordinaire ; le papier montre alors une surface brillante due à l'emploi de la gomme. On conserve ces papiers une fois secs dans des boîtes à chlorure de calcium.

Tirage. — On connaît, en général, la façon d'impressionner ces papiers. L'action de la lumière doit être prolongée jusqu'à ce que l'épreuve présente l'intensité qu'elle devra avoir lorsqu'elle sera terminée. On peut cependant abréger l'exposition si l'on veut, après que les grandes ombres se seront montrées, procéder à un développement à froid. Dans ce but, on peut employer indifféremment, soit une solution à 5 % d'oxalate de potassium, soit une solution à 5 % de carbonate de soude ordinaire.

L'impression étant complète, les épreuves sont fixées dans le bain

Eau. 8oo
Acide chlorhydrique.   10

qu'on renouvelle deux ou trois fois.

Enfin, les épreuves sont lavées et séchées.

Il ne faut pas oublier que les épreuves en platine sont toujours plus brillantes et plus claires à l'état humide qu'à l'état sec. On remarquera également qu'en séchant, certains détails d'abord visibles dans les ombres, disparaissent en même temps que l'intensité des parties noires diminue dans une certaine proportion. Pour éviter ces inconvénients, le Dr A. Lainer recommande de leur faire subir le traitement suivant :

On prépare la solution :

      Eau.   1000
      Gélatine   125
      Alun en poudre   125

La gélatine est dissoute dans l'eau comme à l'ordinaire et le mélange chauffé jusqu'à l'ébullition. On enlève alors de dessus le feu et on ajoute l'alun qu'on fait dissoudre en remuant le tout. Pour l'usage, on prend :

      Solution d'alun et de gélatine . .   1
      Eau. . . . .   1 à 2

On maintient cette mixture tiède à l'aide du bain-marie et on y plonge pendant quelques minutes les épreuves sèches. Quand on les retire, on les immerge pendant quelques instants dans une cuvette pleine d'eau froide, puis on les retire et on les fait sécher. Traitées de cette façon, les épreuves sont beaucoup plus brillantes que celles qu'on termine de la façon ordinaire.

27. Procédé par développement. — Le papier à sensibiliser est d'abord encollé comme dans le procédé par noircissement direct, soit à la gélatine, soit à l'arrow-root ; si le support doit être un tissu de lin ou une autre étoffe, on l'encolle comme le papier, mais en ayant soin de le tendre ; le bois avant d'être sensibilisé est raboté et poli, puis imbibé, jusqu'à saturation de gélatine dissoute ou de colle d'arrow-root à 3 %.

On prépare les solutions suivantes :

A. Une *dissolution normale de platine*, c'est-à-dire une solution de 1 partie de chloroplatinite de potassium dans 6 parties d'eau ([1]).

C. Une *dissolution d'oxalate ferrique* :

Eau	1000
Acide oxalique.	1^{gr},60
Oxalate ferrique	20

La solution d'oxalate ferrique ne doit renfermer aucune trace de sel ferreux : elle ne doit donc pas donner de précipité bleu avec le ferricyanure de potassium. Elle ne doit pas renfermer de sels basiques et, par suite, ne pas se troubler quand on la fait bouillir après l'avoir étendu de dix fois son volume d'eau.

C. Une *dissolution de chlorate de fer* :

Solution B.	100^{cc}
Chlorate de potasse.	0^{gr},4

On mélange ces solutions pour faire la liqueur sensibilisatrice, en proportions variables selon l'effet à obtenir.

MM. Pizzighelli et Hübl ([2]) recommandent les proportions suivantes ;

([1]) L. P. CLERC. — *Préparation du chloroplatinite de potassium et de l'oxalate ferrique* (*La Chimie du Photographe*, II). Paris, H. Desforges, éditeur.

([2]) PIZZIGHELLI et HÜBL. — *La Platinotypie*, traduit de l'allemand par Henry Gauthier-Villars. Paris, 1887, p. 67.

1° Dissolution normale :

    Solution normale de platine (A) .   24ᶜᶜ
    Solution d'oxalate ferrique (B) .   22
    Eau distillée   4

qui donne des teintes douces et des noirs très intenses.

2° On obtient des épreuves plus brillantes en mélangeant :

    Solution A   24
    Solution B   18
    Solution C   4
    Eau distillée   4

3° Le mélange suivant donne des images analogues à celles qu'on obtient avec les sels d'argent :

    Solution A   24
    Solution B   14
    Solution C   8
    Eau distillée.   4

Pour les négatifs très faibles, on emploie :

    Solution A   24
    Solution C   22
    Eau.   4

Lorsqu'on désire avoir des images très faibles, telles que celles destinées à être coloriées, on peut augmenter la quantité d'eau.

Au contraire, si la surface à sensibiliser est peu absorbante (papier fortement collé et saliné), on n'ajoutera pas d'eau.

Il faut 10 centimètres cubes de l'un de ces

mélanges pour sensibiliser une feuille de papier de $0^m,50$ sur $0^m,66$, c'est-à-dire une surface de 3300 centimètres carrés.

La sensibilisation s'effectue absolument comme pour le papier à noircissement direct ; le séchage doit de même être très rapide et le papier sec se conserve dans des boîtes en fer blanc à chlorure de calcium.

Insolation. — L'insolation du papier au platine demande plus d'attention que celle des papiers à l'argent ; l'image n'est, en effet, que peu visible : elle se présente d'abord en brun sur fond jaune, puis en plus clair (teinte orangée) sur fond sombre.

Le papier en platine est environ trois fois moins sensible que le papier albuminé.

Pizzighelli et Hübl recommandent l'emploi d'un photomètre à échelle de papier, analogue à celui de Vogel, dans lequel on se sert du même papier qui sert à l'impression au platine, mais sensibilisé au moyen d'un mélange des deux solutions :

$$A \begin{cases} \text{Eau} & 50 \\ \text{Ferricyanure de potassium} & 8 \end{cases}$$

$$B \begin{cases} \text{Eau} & 50 \\ \text{Citrate de fer ammoniacal} & 10 \end{cases}$$

dans les proportions :

Solution A . . . . :
Solution B 4

La sensibilité du papier ainsi sensibilisé est comparable à celle du papier au platine ; les chiffres du photomètre apparaissent en bleu sur fond vert ; ils sont peut-être moins faciles à distinguer que sur le papier au chlorure d'argent. Mais celui-ci ne peut être employé, sa loi de sensibilité étant nettement différente de celle du papier au platine.

Le plus généralement, on emploie le bain suivant :

Eau. 1000
Oxalate neutre de potasse. . . . 300
Acide oxalique. 10

que l'on chauffe à la température de 80 à 85°.

On se sert le plus souvent de cuvettes spéciales en tôle émaillée que l'on chauffe dans une sorte de bain-marie B

L'image développée est fixée dans le bain :

Eau. 800
Acide chlorhydrique. 10

où elle doit rester jusqu'à dissolution complète des sels de fer.

On renouvelle ce bain au moins trois fois, l'image restant immergée et chaque fois dix minutes environ. On lave ensuite soigneusement pour faire disparaître l'acide chlorhydrique.

On sèche les épreuves en les suspendant au moyen de pinces de blanchisseuse.

Après développement et fixage à l'acide chlorhydrique, on plonge l'image dans :

Eau.   100
Sulfate ferreux.   5

puis dans de l'eau acidulée à l'acide sulfurique,
après quoi, on la lave à fond.

Renforcement. — Lorsque l'image au platine
n'est pas assez intense, on peut la renforcer au
moyen des deux solutions :

A ⎰ Eau   100
  ⎱ Formiate de soude   10

B ⎰ Eau   100
  ⎱ Chlorure platinique   2

mélangées à volumes égaux.

L'intensité de l'image augmente doucement
dans ce bain.

**28. Développement rationnel, à froid, des
papiers au platine.** — Les divers papiers au
platine peuvent, nous l'avons vu, indistincte-
ment se développer en solution pure d'oxalate
neutre de potassium, à condition d'effectuer ce
développement à chaud ; on se heurte à des dif-
ficultés concernant le choix de la température
optima ; mieux vaut, à tous points de vue, utiliser un révélateur à froid, à constituants séparés, tel que celui proposé récemment à l'*Union
photographique du Pas-de-Calais* par l'un de
ses membres les plus habiles, M. Chéneau.

On préparera, avec de l'eau distillée, les trois solutions suivantes :

A. Solution saturée d'oxalate neutre
    de potassium . . . . 30 °/₀
B. Solution saturée d'acide oxa-
    lique 8
C. Solution saturée de formiate de
    soude 50

Si le papier au platine a été correctement insolé, la proportion à employer de ces divers liquides pour la constitution du « révélateur normal » sera :

Eau distillée 60ᶜᶜ
Solution A 60
Solution B 15
Solution C 5

La solution C semble n'intervenir que pour une sorte de mise en train de la réaction de l'oxalate de potassium sur les sels sensibles ; aussi la proportion de ce liquide n'a-t-elle pas à être modifiée en cours d'opérations. Tout au contraire, nous pourrons, par un jeu raisonné des solutions A et B, corriger dans des limites très étendues une erreur sur la durée d'insolation du papier sensible et atténuer, dans une certaine mesure tout au moins, le manque de vigueur du phototype négatif. En cas d'insuffisance de pose, il nous suffira d'ajouter quelques gouttes de la solution A, qui joue donc là un rôle comparable en quelque sorte à celui de l'al-

cali dans un révélateur au pyrogallol; la solution B d'acide oxalique joue le rôle d'un mo-
dérateur énergique, comparable au rôle du
bromure de potassium dans les divers révéla-
teurs pour images aux sels d'argent. Si donc,
nous voyons arriver notre image trop vite,
quelques gouttes d'acide oxalique permettront
aux derniers détails de se dessiner avant que
l'intensité désirée soit dépassée; toutefois, même
dans le cas de sous-exposition, la présence d'une
faible quantité de la solution C est absolument
indispensable; le mélange oxalate et formiate
noircit, en effet, l'épreuve uniformément, si l'on
se trouve hors de la présence d'un acide. D'ailleurs, dans le cas de surexposition considérable,
on peut, sans inconvénients bien sensibles,
forcer jusqu'à l'exagération la dose d'acide oxalique.

Ce mode d'utilisation rationnelle des papiers
au platine ne peut manquer de recruter au « platine » de nouveaux adeptes, car, dans les débuts
tout au moins, on ne se trouvera plus exposé à
de coûteux ratés.

CHAPITRE VI

—

PROCÉDÉS AUX SELS DE CHROME

29. — L'action de la lumière sur les sels de chrome est la base d'un très grand nombre de procédés de photocopie, dont nous ne pouvons guère que rappeler le principe ici.

Nous renvoyons en ce qui concerne l'historique et la plupart des applications photographiques des sels de chrome, à l'aide-mémoire que nous avons publié sous le titre : *Applications de la photographie aux arts industriels* ([1]).

Il est aisé de vérifier directement que les composés suroxygénés du chrome peuvent, comme ceux du manganèse, du fer... être ramenés par la lumière, *au contact d'une matière organique*, à l'état d'oxydes inférieurs. L'anhydride chromique CrO^3 passe, par exemple, progressivement, sous l'influence de la lumière, à

([1]) G. H. Niewenglowski. — *Applications de la photographie aux Arts industriels*. l'Encyclopédie scientifique des Aide-mémoire.

l'état d'oxyde chromique Cr^2O^3. C'est ainsi qu'un papier gélatiné qui a flotté quelques minutes sur une solution de dichromate de potassium $Cr^2O^7K^2$ additionnée d'acide chlorhydrique et séchée à l'obscurité donne rapidement, par insolation sous un négatif, une image vert bleuâtre ; or, l'acide chlorhydrique agissant sur le dichromate s'est partiellement substitué dans ce sel à l'acide chromique, que l'on doit donc considérer comme existant libre dans la dissolution, et comme étant précisément là la seule substance sensible.

Point n'est besoin d'ailleurs, dans la pratique, d'isoler ainsi, par avance, l'anhydride chromique, l'action de la lumière sur un dichromate alcalin ayant pour premier effet de dédoubler ce sel, en présence d'une matière organique, en un mélange de chromate neutre et d'anhydride chromique :

$$Cr^2O^7K^2 = CrO^4K^2 + CrO^3$$

Dichromate   Chromate   Anhydride
de potassium   de potassium   chromique

L'anhydride chromique, perdant ensuite une partie de son oxygène qu'il cède à la substance organique, passe à l'état de chromate d'oxyde de chrome :

$$3CrO^3 = Cr^2O^3,CrO^3 + 3O$$

Anhydride   Chromate   Oxygène
chromique   d'oxyde de chrome

Ce chromate d'oxyde de chrome est un corps insoluble, de couleur brune bien visible quand on insole un papier avec une feuille de gélatine imbibée de bichromate de potasse, derrière un négatif, l'image se montre en brun.

C'est un corps instable en présence de l'eau, un lavage un peu prolongé le fait passer à l'état d'oxyde chromique (sesquioxyde de chrome) :

$$Cr^2O^3, CrO^3 \; = \; 3Cr^2O^3 \; + \; 3O$$

Chromate   Oxyde   Oxygène
d'oxyde de chrome   chromique

On peut soit avant, soit après ce lavage, différencier les régions insolées des régions maintenues à l'obscurité par un traitement convenable, par exemple au moyen de sels métalliques donnant un chromate coloré insoluble ; ou encore on pourra s'appuyer sur ce fait que le bichromate inaltéré peut, en tant qu'oxydant énergique, former au contact de certains produits organiques des matières colorantes ; c'est ainsi que l'aniline, corps incolore, donnera au contact des régions protégées du violet d'aniline.

Ces divers procédés ne sont d'ailleurs pas, à beaucoup près, comparables aux procédés d'une extraordinaire variété, fondés sur l'action qu'exerce la lumière sur la gélatine bichromatée, action signalée pour la première fois par Poitevin. « La gélatine bichromatée s'insolubilise dans l'épaisseur de la couche, sous l'influence de la lumière, et ceci proportionnellement à l'intensité de la lumière qui l'a pénétrée. »

30. — On attribue généralement cette insolubilisation à une oxydation.

« Mais, en réalité, disent avec raison MM. Féry et Burais dans un excellent ouvrage ([1]), ce n'est pas l'oxydation de la gélatine qui la rend insoluble, c'est le fait de sa combinaison avec le sel, à base de chrome ([2]) résultant de la réduction du bichromate ; les deux expériences suivantes ne laissent aucun doute à cet égard.

1º De la gélatine est immergée dans une solution concentrée de ferricyanure de potassium, puis exposée à la lumière ; elle reste néanmoins soluble, quoique les réactifs y indiquent la présence, aux points insolés, de ferrocyanure, *lequel lui a cédé son oxygène.*

2º On réduit par l'acide tartrique le bichromate de potassium ; la réaction se fait à froid ; le liquide brunit et s'échauffe ; il se forme du chromate chromique.

On ramène à neutralité par de l'ammoniaque et on plonge de la gélatine dans le liquide. Après

---

([1]) CHARLES FÉRY et A. BURAIS. — *Traité de Photographie industrielle; théorie et pratique,* p. 17, en note. Paris, Gauthier-Villars et fils, imprimeurs-libraires, 1896.

([2]) Chromate d'oxyde de chrome : Cr^2O^3, CrO^3.

dessiccation à l'obscurité, cette gélatine est devenue insoluble, *quoique n'ayant pas absorbé d'oxygène.*

Tous les sels chromiques jouissent de la même propriété, d'où l'emploi de l'alun de chrome pour *tanner* la gélatine des clichés. »

31. — L'insolubilisation n'est d'ailleurs que l'un des côtés du phénomène; non-seulement, aux points insolés, la gélatine ([1]) est devenue insoluble, mais encore elle est devenue imperméable et a perdu la propriété de se gonfler dans l'eau ; elle repousse même l'eau ou l'humidité à la façon d'un corps gras. Suivant que l'on utilisera de telle ou telle façon, l'une ou l'autre de ces propriétés, on donnera naissance à tel ou tel procédé de photocopie.

Nous rappellerons brièvement le principe des principaux de ces procédés, renvoyant aux ouvrages de photographie, notamment au traité classique de Poitevin ([2]) pour les détails.

Procédés par imbibition. — En insolant, sous un positif, une couche d'épaisseur uniforme de gélatine bichromatée, puis en plongeant cette

---

([1]) Ces propriétés ne sont pas spéciales à la gélatine; on les constate et on les utilise couramment avec toutes matières colloïdes : albumine, gomme, sucre et glucose.

([2]) A. POITEVIN. — *Traité des impressions photographiques*, 2ᵉ édition. Paris, Gauthier-Villars.

feuille, après lavage, dans la dissolution d'un colorant quelconque, d'éosine par exemple, le liquide ne pénètre que dans les parties non insolées, qu'il occupera uniformément; le plus ou moins d'épaisseur de la partie perméable, actuellement colorée, détermine des opacités plus ou moins grandes, de même sens que celle de l'image sous laquelle s'est effectué le tirage; on réalise donc ainsi une image positive transparente (hydrotypie, Cros).

On peut aussi utiliser ce fait que les régions qui ont absorbé de l'eau se sont gonflées et qu'il y a donc, en chaque point, un relief proportionnel à l'opacité, au point correspondant, du dessin sous lequel a été effectué le tirage; en moulant ce relief, puis coulant dans le moule ainsi réalisé une matière translucide semi-opaque, et regardant enfin par transparence la plaque ainsi coulée, on voit une image positive si l'insolation s'est effectuée sous une image positive, car, sous une région opaque de celle-ci, la gélatine est restée perméable et a pu, dans la suite, se gonfler : d'où en ce point, dans l'image définitive, une épaisseur maxima de matière colorante produisant, par conséquent, un maximum d'opacité.

Procédés par humidification superficielle. — La gélatine humide, étant toujours notablement gluante, retient très aisément les poussières que l'on promène sur elle. Un léger coup d'une brosse douce en débarrasse complètement les régions imperméabilisées sèches. Si donc, on insole, sous un positif, une couche de gélatine bichromatée, puis qu'après avoir abandonné un instant cette surface dans une atmosphère humide, on balaie sur elle, avec un blaireau doux, une poudre colorante fine, pastel finement pulvérisé, par exemple, on voit apparaître après époussetage une image positive. C'est par un procédé très analogue (¹) que s'obtiennent les émaux photographiques.

Inversement, une matière grasse, comme l'est l'encre d'imprimerie, est repoussée par toute région humide et se fixe bien, au contraire, sur les régions insolées, sèches, en quelque sorte elles-mêmes grasses. En passant donc un rouleau à encrer sur une feuille de gélatine bichromatée insolée sous un négatif, puis lavée, et pressant ensuite sur cette même feuille un papier blanc, celui-ci entraîne une image positive à l'encre grasse identique à celle qu'eût laissée sur lui une pierre lithographique encrée (*Photocollographie*).

Procédés par insolubilisation. — En exposant à la lumière, sous une figure formée de

---

(¹) Poitevin.— *Émaux photographiques*. Journal la *Photographie*, 1ᵉʳ février 1898, p. 20.

lignes opaques sur fond transparent ou inversement (gravures au trait...), une couche de gélatine bichromatée, fixée à la surface d'une lame
de zinc ou de cuivre, puis traitant à l'eau chaude
la couche insolée, la gélatine restée soluble dans
l'eau chaude aux points où elle a été préservée
de l'action de la lumière disparaît, laissant à
nu la surface du métal en ces points ; dans les
régions où, au contraire, la lumière a eu accès,
si la durée d'insolation a été suffisamment prolongée pour que l'insolubilisation se produise
dans toute l'épaisseur de la couche sensible, le
métal reste couvert d'un enduit qui le proté-
gera par la suite de toute attaque ; en plongeant
alors la planche métallique dans un acide ou
dans la dissolution d'un sel convenable (chlorure ferrique...), les parties nues du métal sont
rongées ; en arrêtant à temps l'opération et
faisant disparaître les réserves de gélatine insoluble, on se trouve en possession d'une
planche gravée soit en creux (*photoglyptogra-
phie*), soit en relief (*phototypogravure*), suivant
que l'insolation a été effectuée sous un positif ou sous un négatif de la gravure à reproduire.

32. — Nous arrivons enfin au procédé courant
utilisant l'insolubilisation de la gélatine bichromatée, le procédé *aux poudres inertes*, dit « au
charbon ». On incorpore, à une solution de géla-

tine, une poudre colorante inerte quelconque, en particulier, si l'on veut, du noir de fumée fin, que l'on y répartit par brassages bien uniformément. On coule ensuite cette sorte d'émulsion sur un papier qui, peu de temps avant l'emploi, est sensibilisé dans une solution de bichromate et insolé, une fois sec, sous un négatif. Sous les parties transparentes de celui-ci, la gélatine bichromatée devient insoluble sur une épaisseur proportionnelle à l'intensité de la lumière incidente ; un lavage à l'eau chaude (dépouillement) fera disparaître l'émulsion colorée aux points où celle-ci a été protégée par un noir du négatif auquel correspondra dès lors le fond blanc du papier mis à nu.

Mais on remarquera qu'en opérant ainsi, une demi-teinte légère de l'image positive serait représentée sur la couche insolée par une région insolubilisée superficiellement et séparée, par suite de son support, par une zone intermédiaire soluble ; le dépouillement à l'eau chaude séparerait donc du support cette région insoluble qui, ainsi abandonnée, flotterait dans le bain et disparaîtrait alors de la photocopie définitive : le procédé ainsi utilisé ne traduirait donc pas les demi-teintes. On tourne cette difficulté en ne procédant au dépouillement qu'après retournement de la couche insolée sur son support, auquel adhère alors directement et sans intermédiaire toute région insolubilisée, qui sera, par suite, définitivement conservée. Comme d'ailleurs, après ce transfert, l'image se trouve inversée, on aura effectué l'insolation sous un cliché lui-même inversé, où l'on se verra forcé, pour rétablir l'image dans son vrai sens, de procéder, après dépouillement à un second transfert. Nous n'avons pas, d'ailleurs, à entrer dans le détail pratique de ces opérations. Faisons seulement remarquer que, la matière opaque de l'image ayant pu être choisie inaltérable, l'image elle-même sera inaltérable si toutes précautions sont prises pour éviter la moisissure ou la destruction du substratum ou de son support.

33. Sels de chrome et de cuivre. — Fritz Haugh ([1]) a recommandé le procédé suivant :

Du papier fort, encollé à l'amidon, est mis à flotter sur le bain :

Solution saturée de bichromate de potasse. .	10^{cc}
Solution saturée de sulfate de cuivre . . .	35

Après séchage à l'obscurité, on insole au châssis-presse jusqu'à ce que l'image se dessine.

On la fait apparaître en rouge en faisant alors flotter l'épreuve sur :

Eau.	30^{cc}
Azotate d'argent	1^{gr}

([1]) Fabre. — *Traité encyclopédique de photographie,* III, p. 189, et *Phot. Wochenblatt,* décembre 1886.

Il suffit d'un lavage à l'eau pour terminer.

Un autre procédé, dû à Charles Benham, a été récemment publié (¹).

On prépare à chaud la solution :

    Eau.   100
    Bichromate de potasse   9
    Sulfate de cuivre   5

Il se forme un précipité brun qu'on sépare par filtration ; la liqueur filtrée est la liqueur sensibilisatrice qui peut se conserver indéfiniment à l'abri de la lumière.

Pour sensibiliser un papier bien encollé, on en relève les quatre bords de façon à former une sorte de cuvette dans laquelle on verse le liquide sensibilisateur ; après une minute environ, on fait écouler l'excès de solution par un des coins et on sèche aussi rapidement que possible ; il est bon d'utiliser ce papier dès qu'il est sec.

On expose à la lumière jusqu'à apparition d'une image brun foncé dont tous les détails soient visibles. L'épreuve est alors rincée dans de l'eau légèrement salée, puis développée dans une solution aqueuse de pyrogallol à 1 %; l'image y prend un ton sépia, d'autant plus intense que la proportion de sulfate de cuivre dans le bain sensibilisateur était plus faible.

On lave et on sèche comme d'habitude.

Les images obtenues par ce procédé très simple ont l'apparence de gravures.

(¹) *Photography*, 2 mars 1899.

CHAPITRE VII

—

PROCÉDÉS AUX SELS DE MANGANÈSE

34. — L'étude photographique des sels de
manganèse a été faite d'une manière complète
par MM. Auguste et Louis Lumière qui ont
communiqué les résultats de leurs intéressantes
recherches à la Société française de Photographie.

Nous résumerons leurs communications (¹).
Le manganèse occupant, parmi les métaux, une
place voisine de celle du fer et les composés de
ces deux métaux ayant, entre eux, de nombreuses analogies, on devait supposer que la
lumière agit sur eux comme sur les sels de fer,
c'est-à-dire fait passer les sels au maximum à
l'état de sels au minimum.

Mais les sels manganiques ont été peu étudiés ; la plupart sont d'une grande instabilité ;

(¹) *Bulletin de la Société française de photographie*
2ᵉ série, VIII, p. 218 (15 avril 1892) ; 278 (15 mai 1892) ;
332 (15 juin 1892) et IX, p. 104 (15 février 1893).

l'eau les dissocie ; ils se décomposent à froid en présence de matières organiques ; aussi la plupart d'entre eux ont-ils été plutôt entrevus que sérieusement isolés et étudiés.

Parmi les plus connus, on peut citer :

Le *fluorure manganique* (Berzélius, Nicklès) ;

Le *sulfate manganique* (1) ;

Le *phosphate manganique* (2) ;

Les *sulfates doubles manganico-aluminiques, manganico-chromiques, manganico-ferriques*(3) ;

L'*arséniate manganique ;*

L'*acétate manganique* (4).

Quelques autres (*chlorure manganique*) n'ont été obtenus qu'en solution.

Aussi, avant les travaux de MM. Lumière, rencontre-t-on peu d'indications sur les propriétés photographiques de ces sels.

Cependant Van Monckoven indique, dans son *Traité de photographie* (5) que la lumière modifie le manganate de potasse.

35. — MM. Auguste et Louis Lumière ont

---

(1) CARIUS — *Annal der Chemie und Pharm.* p. 53.

(2) H. RUBE. — *Pogg. Annal.* t. CV, p. 289 et *Repert. de Chimie pure*, p. 239, 1859.

(3) ÉTARD. — *Comptes-rendus de l'Ac. des Sc.*, t. LXXXVI, p. 1399, et t. LXXXVII, p. 602.

(4) CHRISTIENSEN. — *Journal für prakt. Chem..* t. XXVIII, p. 163.

(5) 5e édition, p. 323.

constaté que tous les manganates et permanganates alcalins jouissent de cette propriété.

« Mais les expériences faites dans le but d'appli-
quer ces substances à la production d'images
photographiques ont échoué, disent MM. A. et
L. Lumière, parce que leur emploi présente les
inconvénients suivants :

« Les manganates sont décomposés par l'eau
pure ; en solution alcaline, ils sont, comme les
permanganates, réduits plus ou moins complètement, même dans l'obscurité, par les matières
organiques : gélatine, albumine, gomme, etc.
Lorsqu'on imprègne une feuille de papier de ces
dissolutions, la réduction a lieu partiellement ;
la substance brun jaune qui prend naissance
blanchit incomplètement sous l'action des rayons
solaires.

« Si l'on cherche à introduire ces mêmes corps
dans du collodion, la réduction a lieu également
dans l'obscurité. Toutes les tentatives faites pour
éviter cette décomposition n'ont donné aucun
résultat.

« On a essayé notamment d'additionner les solutions manganiques d'oxydants énergiques, de
préparer des collodions sans alcool, à l'aide
d'autres dissolvants, d'opérer à basse température et dans l'obscurité la plus complète ; aucune
de ces précautions n'a réussi à empêcher l'altération qu'il est indispensable d'éviter ; de sorte

que les images que peuvent fournir les manganates et les permanganates, après exposition
pendant plusieurs jours au soleil, sont très
faibles, voilées et complètement inutilisables.

« Le bioxyde de manganèse dissous dans le
cyanure de potassium a été indiqué aussi comme
étant sensible à la lumière ([1]). Cette substance
paraît présenter des inconvénients analogues à
ceux qui ont fait abandonner les corps précé-
demment cités ».

Le fluorure et l'acétate de manganèse étendus
sur papier, passent bien à la lumière à l'état de
sels manganeux ; mais il est difficile de différencier le sel manganeux du sel manganique ;
ce dernier étant dissocié par l'eau, le moindre
lavage a pour effet de précipiter à l'état d'oxyde
le sel manganique qui a pénétré la pâte du
papier, ce qui donne à l'image une teinte uniformément brunâtre.

Le sulfate manganique n'est stable qu'en
solution et en présence d'un grand excès d'acide
sulfurique ; l'eau le dissocie. Quant aux sulfates
doubles, ils sont très peu ou pas sensibles à la
lumière.

36. — Le plus stable des sels manganiques
est le phosphate ; aussi est-ce celui qui a donné

____

(1) FABRE. — *Traité encyclopédique de photogra-*
phie, t. III, p. 184.

les premiers résultats à MM. A. et L. Lumière.

Le phosphate manganique se prépare en traitant le peroxyde de manganèse par l'acide phosphorique concentré en excès. On obtient un liquide sirupeux violet améthyste foncé, se solidifiant par refroidissement et se dissolvant dans l'eau avec une couleur rouge rubis. Vers 250°, le bioxyde de manganèse perd une partie de son oxygène, et se transforme en sesquioxyde qui se se combine à l'acide phosphorique.

La réaction est plus rapide et plus régulière si on part de l'hydrate manganique obtenu en précipitant du sulfate manganeux par un excès de chlorure de chaux en solution. Le précipité recueilli sur un filtre et lavé, est chauffé avec quatre fois son poids d'acide phosphorique à 60° B. On cesse de chauffer lorsque la masse est devenue violette et on laisse refroidir complètement avant de dissoudre dans l'eau distillée.

Le phosphate manganique est soluble dans l'eau froide, indécomposable par un grand excès de ce liquide ; cependant la solution se décolore à la longue et laisse déposer un corps gris violacé. Il précipite la gélatine comme tous les sels manganiques. Les réducteurs le font passer à l'état manganeux et précipitent le sesquioxyde de manganèse. La potasse et les alcalis agissent de la même manière.

MM. Auguste et Louis Lumière ont remarqué

que les propriétés éminemment oxydantes des sels manganiques permettent de transformer un grand nombre de substances organiques en matières colorantes. C'est ainsi qu'ils agissent sur les leucobases, les sels de monamines, de diamines, d'aminophénols, sur les homologues de ces corps, etc., lorsque ces réactifs peuvent donner par oxydation des matières colorantes insolubles qui se précipitent à mesure qu'elles se forment sur le *substratum* de la substance sensible, dans les points où celle-ci n'a pas été réduite ; les parties réduites par la lumière ne précipitant pas de matière colorante, on peut obtenir ainsi des épreuves photographiques. Pour ne citer qu'un exemple, les sels d'aniline (chlorhydrate, sulfate, etc.) sont transformés en noir d'aniline après avoir fourni les produits d'oxydation intermédiaires, émeraldine, azurine.

Ces propriétés peuvent être utilisées à l'obtention de photocopies.

Lorsqu'on fait flotter pendant quelques instants une feuille de papier gélatiné sur une solution concentrée de phosphate manganique, la couche de gélatine prend une teinte rouge foncé qu'elle conserve si le papier est mis à sécher dans l'obscurité. Exposé à la lumière, ce papier blanchit par suite de la réduction au minimum du sel manganique ; mais, dans ces conditions, la substance est très peu sensible à la lumière.

Cette sensibilité augmente en ajoutant à la solution de phosphate manganique certains réducteurs tels que des acides organiques. L'acide tartrique à la dose de 1 gramme par 100 centimètres cubes de la solution manganique est celui qui donne les meilleurs résultats.

La pose est de quarante-huit heures au soleil sans acide tartrique; l'addition de ce corps la réduit à deux heures.

Sous un positif, on obtient un positif, sous un négatif, un négatif. L'image terminée se présente en rougeâtre sur fond blanc. Il faut alors la traiter par un réactif susceptible d'accentuer l'image tout en la fixant : une solution à 5 % de chlorhydrate de paramidophénol est excellente à ce point de vue : l'image est alors brune.

Mais ce procédé présente de nombreux inconvénients :

1° Le phosphate manganique ne peut être employé qu'en solution très acide. Lorsqu'on cherche à neutraliser la liqueur, il y a précipitation d'une substance non encore étudiée. L'excès d'acide phosphorique empêche le séchage du papier ;

2° Cette humidité constante de la surface sensible facilite sa réduction dans l'obscurité ; on ne peut, par suite, la conserver que pendant quelques jours ;

3° Malgré les tentatives faites pour augmenter

la sensibilité, il faut au moins deux heures
d'exposition en plein soleil pour obtenir de
bonnes épreuves.

37. — Aussi MM. Auguste et Louis Lumière
ont-ils dirigé leurs recherches dans une autre
voie et cherché à obtenir des sels plus sensibles.

Ils ont pu préparer la plupart des sels organiques de sesquioxyde de manganèse : oxalate,
tartrate, citrate, etc., et étudier leurs propriétés
photographiques.

Frémy, dans ses recherches sur les sels de
peroxyde de manganèse ([1]) indique un mode
d'obtention d'un sous-sulfate manganique qui
consiste à traiter le permanganate de potasse par
l'acide sulfurique.

MM. Auguste et Louis Lumière, reprenant
cette idée, ont étudié l'action des acides sur le
permanganate de potasse et ont constaté les faits
suivants :

1° Lorsqu'on ajoute, peu à peu, jusqu'à décoloration, un acide organique à une solution concentrée de permanganate de potasse, on précipite une substance noire dont la composition n'a
pas été déterminée d'une façon très précise,
mais qui paraît être un acide manganique ;

---

[1] *Comptes-rendus de l'Académie des Sciences.* 1876,
p. 175 et 1231.

2° Cette substance, lavée avec soin et desséchée, se dissout à froid dans les acides organiques pour donner des solutions brunes ou rouge foncé qui présentent tous les caractères des sels manganiques ;

3° Si, sans laver le précipité noir d'oxyde, on continue à introduire dans la liqueur une plus grande quantité d'acide, ce précipité se dissout en donnant une liqueur colorée, dont les propriétés sont les mêmes, au point de vue photographique, que celles des sels préparés au moyen de l'oxyde préalablement isolé ;

4° Additionnées de réducteurs, ces solutions se décolorent rapidement sous l'influence de la chaleur ou de la lumière.

5° Les autres permanganates alcalins ainsi que les manganates donnent les mêmes réactions. Il y a lieu de supposer qu'on est en présence de sels manganiques ;

L'oxalate manganique ainsi préparé est le plus sensible de tous les sels manganiques que MM. Lumière aient pu préparer ; mais son emploi est à rejeter : peu soluble dans l'eau, il est difficile d'en concentrer les solutions. Le papier retient trop peu de substance sensible et les images sont, par suite, trop faibles. Enfin le papier sensibilisé avec ce sel ne peut se conserver plus de quelques jours.

Le produit obtenu par l'action de *l'acide ci-*

trique est trop peu sensible pour pouvoir être
utilisé.

L'acide tartrique ne donne pas non plus de
bon résultats.

C'est l'*acide lactique* qui a donné les meilleurs
résultats, principalement au point de vue de la
conservation des préparations sensibles.

On obtient la liqueur sensible en traitant
3 grammes de permanganate de potasse par
6 centimètres cubes d'acide lactique $(D = 1,225)$
et en prenant la précaution de refroidir le récipient dans lequel la réaction s'effectue.

La quantité d'acide lactique que l'on pourrait
mettre en excès ne paraît influer d'une façon
appréciable ni sur la sensibilité, ni sur la coloration de l'épreuve développée. L'excès de cet
acide a toutefois l'inconvénient d'empêcher le
papier de sécher complètement : l'humidité
qu'il conserve en précipite l'altération.

MM. Lumière ont essayé d'augmenter la sensibilité à la lumière de cette liqueur, et ont
étudié, dans ce but, l'action des corps réducteurs, tels que le sel de Seignette, l'acide oxalique, l'hydrate de chloral, la saccharose, le
glucose, les formiates, la phénylglucosozone, la
benzaldéhyde, etc.

Avec le glucose, la sensibilité est beaucoup
augmentée, mais le papier reste poisseux et s'altère vite.

Les formiates alcalins n'ont aucun de ces inconvénients et conviennent très bien.

Les autres réducteurs essayés n'ont pas donné de bons résultats. Tous ces réducteurs se comportent d'ailleurs de la même manière avec les autres sels manganiques.

38. — Les meilleurs résultats ont été obtenus par MM. Lumière en opérant de la façon suivante :

On introduit dans un ballon maintenu par un courant d'eau froide à la température de 15° :

    Eau distillée 50cc
    Permanganate de potasse   6

On ajoute petit à petit

    Acide lactique (D = 1,225) . . .   16cc

puis

    Formiate de potasse. 3gr

La solution est filtrée et versée dans une cuvette placée dans un laboratoire éclairé par la lumière artificielle telle que la lumière du gaz.

On fait alors flotter à la surface du liquide une feuille de papier légèrement gélatiné.

Après une minute de contact environ, il convient d'enlever le grand excès de solution sensible, en plaçant la feuille entre des papiers buvards, après quoi elle est suspendue, pour sécher, à l'abri de la poussière et de la lumière.

L'exposition a lieu sous une image positive ;

si l'on a bien opéré, l'impression exige un peu plus de temps que l'impression du papier albuminé.

Lorsque les fonds ou les grands blancs de l'épreuve sont complètement décolorés, on l'immerge dans un réactif convenable tel qu'une solution à 5 % de chlorhydrate de paramidophénol ; l'épreuve y atteint rapidement l'intensité convenable et il ne reste plus qu'à éliminer, par un lavage, le plus grand excès des sels solubles qui imprègnent le papier, ce qui n'exige que quelques minutes.

La teinte légèrement jaunâtre que prend l'image peut être enlevée à l'aide d'une solution faible d'acide chlorhydrique.

A la suite d'un lavage sommaire, l'épreuve est achevée comme s'il s'agissait d'une épreuve aux sels d'argent.

Les photographies obtenues ainsi, exposées au soleil pendant trois semaines, n'ont pas subi la moindre altération (¹).

Les tableaux ci-après (p. 113 à 115) indiquent les diverses colorations que l'on peut obtenir en remplaçant le chlorhydrate de diamidophénol par d'autres substances.

(¹) Voir dans notre Aide-Mémoire : *Application de la photographie à l'industrie*, p. 158, l'utilisation de ce procédé à la phototeinture.

En combinant deux ou plusieurs des réactifs indiqués dans ces tableaux, on peut obtenir des colorations intermédiaires, mais à condition que les substances mélangées ne réagissent pas les unes sur les autres.

La stabilité des épreuves dépend essentiellement du révélateur qui les a produites et la substance colorée qui forme l'image possède une composition très variable.

Ainsi, les épreuves développées avec les sels d'aniline sont détruites très rapidement par les rayons solaires, tandis que celles que donne le chlorhydrate de paramidophénol possèdent une inaltérabilité remarquable.

MM. Lumière ont pu constater que la matière colorante obtenue dans le cas du paramido-phénol ne contient pas de manganèse et que sa constitution est purement organique.

Lorsqu'on projette un spectre sur un papier gélatiné, sensibilisé à l'oxalate manganique, on peut remarquer que le maximum de réduction a lieu entre le jaune et le vert.

Si le temps d'exposition est suffisant, l'impression peut s'étendre à toute la partie visible du spectre. La courbe de l'actinisme coïncide presque avec celle des intensités lumineuses, à cette différence près que le maximum d'action chimique est un peu déplacé du côté des rayons les plus réfrangibles et reporté entre D et E.

PROCÉDÉ PHOTOGRAPHIQUE AUX SELS MANGANIQUES

RÉACTIONS COLORÉES OBTENUES AVEC QUELQUES DÉVELOPPATEURS

Réactifs	Coloration de l'épreuve développée	Coloration que prend l'épreuve développée sous l'action de l'acide chlorhydrique	Coloration que prend l'épreuve développée sous l'action de l'ammoniaque
Aniline (ou ses sels, chlorhydrate, sulfate, etc.)	Vert, les blancs de l'épreuve sont ternes.	L'épreuve reste verte, les blancs deviennent plus purs.	Bleu violacé intense.
Toluidine (para)	Rouge, un peu soluble dans l'eau, l'épreuve s'affaiblit par le lavage.	Rien.	Jaune sale.
Toluidine (ortho)	Vert.	Rien.	Violet un peu soluble.
Xylidine (para)	Rouge violacé, puis gris violet, fonds colorés ; image faible, soluble.	Rien.	Rouge jaune pâle soluble.
Xylidine du commerce .	Jaune brun ; peu d'intensité.	Violet pâle ; la coloration s'affaiblit au lavage.	Jaune.
α-naphtylamine (chlorhydrate)	Gris bleu.	Bleu.	Rien.

PROCÉDÉ PHOTOGRAPHIQUE AUX SELS MANGANIQUES

RÉACTIONS COLORÉES OBTENUES AVEC QUELQUES DÉVELOPPATEURS (*suite*)

Réactifs	Coloration de l'épreuve développée	Coloration que prend l'épreuve développée sous l'action de l'acide chlorhydrique	Coloration que prend l'épreuve développée sous l'action de l'ammoniaque
Paramidophénol (chlorhydrate ou sulfate). .	Brun, ton photographique.	Brun rouge.	Violet intense.
Orthoamidophénol(chlorhydrate)	Jaune.	Rouge soluble dans l'eau.	Rien.
Acide protocatéchique .	Les noirs ne viennent pas, les fonds se colorent en violet. L'épreuve tend à être négative voilée.	L'épreuve disparaît.	Rouge violacé.
Phloroglucine	Jaune très pâle.	Disparaît.	Rien.
Acide pyrogallique . .	Noir violet intense ; épreuve voilée.	Jaune pâle.	Rouge violet intense.
Iconogène.	Verdâtre.	Brun.	Rien.
Acide amido-benzoïque .	Jaune paille.	Jaune rouge soluble dans l'eau.	Rien.

β naphtylamine (chlorhydrate)	Noir.	Noir brun.	Rougeâtre.
Sulfate de diphénylamine	Vert foncé, puis vert pâle jaunâtre.	Rien.	Brun.
Benzidine (chlorhydrate).	Bleu entièrement intense.	Brun jaune; la coloration redevient bleue par lavage.	Jaune ; affaiblissement marqué ; la coloration redevient bleue par lavage.
Toluidine (chlorhydrate).	Bleu intense.	Jaune rouge soluble.	Jaune pâle.
Paraphénylène diamine (chlorhydrate) . . .	Vert, puis bleu, puis enfin noir, s'affaiblissant peu à peu.	Brun pâle.	Jaune rouge faible.
Métaphénylène diamine (chlorhydrate) . . .	Brun clair.	Brun rouge.	Jaune clair.
Toluilène diamine (m (chlorhydrate) . . .	Brun peu intense.	Rien.	Jaunâtre.
Acide sulfophénique . .	Jaune pâle.	Rien.	Gris très faible.
Gaïacol.	Orangé.	Rien.	Gris peu intense.
Résorcine	Jaune pâle.	Gris peu intense.	Gris.

39. — Parmi les réactifs développateurs des tableaux ci-dessus, ceux qui ont donné les meilleurs résultats, c'est-à-dire les sels de paramidophénol, d'aniline et de naphtylamine α, ont été l'objet, au point de vue pratique, de recherches de la part de MM. Lumière.

Le chlorhydrate de paramidophénol, en solution très acide donne une image à peine visible ; en solution ammoniacale, on obtient un ton jaune ocreux faible, qui vire au rouge brun pâle par l'acide chlorhydrique. La solution de chlorhydrate de paramidophénol aussi peu acide que possible fournit des épreuves intenses dont les demi-teintes claires ont toujours une coloration jaune, de sorte que ces épreuves manquent de fraîcheur ; cet inconvénient disparaît si on ajoute au bain développateur un peu d'acide chlorhydrique, 1 $^0/_0$ au plus. L'aniline en solution hydro-alcoolique et ses sels solubles donnent, en solution neutre, des images vert pâle s'affaiblissant au lavage ; les images sont plus intenses en présence d'acide chlorhydrique ; en en mettant 5 $^0/_0$, on obtient une teinte vert foncé, virant au violet par l'ammoniaque. En solution nettement alcaline, on n'obtient que des traces d'image.

La naphtylamine α se comporte d'une manière analogue : elle ne fonctionne bien qu'en solution très acide en donnant des images bleues que l'ammoniaque vire au rouge.

40. — MM. A. et L. Lumière ont cherché vainement à obtenir des papiers sensibles se conservant mieux que ceux au lactate. Si ces recherches n'ont pas conduit à une solution complète, elles ont montré différents faits intéressants à signaler.

L'une des principales causes d'altération est nettement l'humidité ; aussi un remède tout indiqué consiste à conserver ces papiers dans une boîte de fer blanc contenant un peu de chlorure de calcium. Mais c'est là une solution ennuyeuse qui a l'inconvénient de rendre le papier cassable et peu maniable.

MM. Lumière ont cherché si l'on ne pourrait pas ajouter au lactate manganique des réactifs susceptibles d'éviter sa transformation en sel manganeux ; ils ont essayé plus de 200 substances. Parmi elles, on peut citer les suivantes, dont l'action sensibilisatrice est maxima, et qui sont rangées par ordre d'activité décroissante :

Acide tartrique, glucose, formiates alcalins, hypophosphites alcalins, tartrates, sel de Seignette, nitrate mercurique, nitrate acide de bismuth, nitrate d'urane.

Les premières de ces substances, ajoutées au lactate manganique, décuplent à peu près sa sensibilité ; les dernières la doublent seulement.

Les chlorures, bromures, fluorures, phosphates, phosphites, azotates alcalins, arséniates, arsénites, tungstates, molybdates, etc., n'ont pas d'action appréciable sur la sensibilité.

Un certain nombre de corps, réagissant immédiatement sur les sels manganiques ne peuvent être utilisés : tel est le cas des carbonates qui les précipitent, des réducteurs énergiques qui les réduisent en les décolorant, etc.

Les chromates et bichromates alcalins semblent diminuer la sensibilité du lactate manganique.

Il est assez curieux de constater que les substances sensibilisatrices sont, les unes des réducteurs, les autres des oxydants. Le rôle des réducteurs s'explique aisément : ils tendent à s'oxyder aux dépens du sel manganique et à produire ainsi un effet de même sens que celui que détermine la lumière. Le rôle des oxydants est plus difficile à expliquer.

MM. Lumière ont constaté des phénomènes analogues avec d'autres substances sensibles à la lumière : quelques sels d'argent, de plomb, de mercure, sont aussi plus facilement réduits à la lumière lorsqu'ils sont en présence de certains oxydants.

CHAPITRE VIII

PROCÉDÉS AUX SELS DE MERCURE

41. — Herschell (¹) a, le premier, constaté que les sels mercuriques passaient à l'état de sels mercureux sous l'action de la lumière et que cette réduction était facilitée par la présence des matières organiques.

Si l'exposition à la lumière n'est pas très longue, on obtient une *image latente* révélable au moyen de réducteurs convenablement choisis.

Henry Harris Lake (²) a fondé, sur ce dernier fait, le procédé de photocopie suivant :

Une feuille de papier encollé à l'amidon est sensibilisée sur le bain :

Eau.	3o
Chlorure mercurique	1
Bichromate de potasse	2

Une fois sec, le papier ainsi sensibilisé est

(¹) *Philosophical Transactions*, 1842, p. 213.
(²) *Photograph. Archiv.*, 1887, p. 215.

exposé au châssis-presse derrière un négatif, puis lavé et recouvert du mélange :

Pyrogallol	1gr
Acide gallique.	8gr
Sulfate ferreux.	10
Hyposulfite de soude.	80
Eau. . . . . , . . .	1000

L'image ainsi obtenue est complètement lavée, puis blanchie à l'aide d'une solution de chlorure de chaux.

Le professeur Rodolfo Namias, de Milan, a fait une étude complète de la photochimie des sels de mercure et des procédés photographiques basés sur leur emploi, étude que nous allons reproduire presque textuellement ([1]).

Les sels de mercure les plus intéressants à ce point de vue sont, d'après M. Namias : l'azotate mercureux, le tartrate mercureux basique, l'oxalate mercureux et l'oxalate de mercure-ammonium.

42. Azotate mercureux. — Ce sel, à l'état cristallisé, a pour composition :

$$Hg^2(AzO^3)^2 + 2H^2O.$$

A l'air, il s'oxyde lentement ; il est peu soluble dans l'eau, mais il se dissout abondamment dans l'eau acidulée avec l'acide azotique. On

---

([1]) *Bulletin de la Société française de Photographie*, 2e série, XI, p. 177, 1er avril 1895.

obtient l'azotate mercureux cristallisé en faisant
agir, à froid, l'acide azotique ($d = 1,2$) sur le
mercure pur contenu dans une capsule.

La solution d'azotate mercureux, exposée à la
lumière, ne subit aucune modification sensible.
L'azotate mercureux solide se comporte différem-
ment au contact d'une matière organique comme
le papier.

On prépare une dissolution de 10 grammes de
nitrate mercureux dans 100 centimètres cubes
d'eau additionnée de la quantité d'acide azotique
à peine suffisante pour que tout le sel soit dissous. On verse ce liquide dans une cuvette et l'on
y fait flotter une feuille de papier de très bonne
qualité (papier de Rives) qu'on a traité précédem-
ment avec une solution d'arrow-root, par le
même procédé que pour la préparation du papier
au platine (§ **25**).

On fait sécher le papier qui a flotté sur la so·
lution d'azotate mercureux en le suspendant dans
un endroit obscur. Le papier, parfaitement sec,
est sensible à l'action de la lumière ; cette sensibilité ne se manifeste pas par un noircissement
visible, mais par une modification invisible qui
peut être révélée à l'aide d'agents réducteurs. La
lumière provoque peut-être la formation d'un
nitrate mercureux basique dont la formule serait:

$$x Hg^2(AzO^3)^2 y H^2O$$

dans laquelle la valeur du rapport $\frac{y}{x}$ serait d'autant plus grande que l'action de la lumière a été plus prolongée. Il suffit, en général, d'une exposition de deux à trois minutes à la lumière diffuse intense pour obtenir une image développable.

Le bain révélateur est :

Sulfate ferreux.	3o
Acide tartrique	3o
Eau	1000

Ce développement doit être fait à une lumière peu actinique ; l'image n'apparaît pas très régulièrement ; mais si l'on a bien opéré, elle est complète en peu de temps.

Comme la matière sensible tend à se détacher facilement du support, auquel elle adhère mal, on ne doit pas agiter la cuvette pendant le développement. L'image développée a une belle couleur noire : elle est constituée par du mercure métallique.

Le papier au nitrate mercureux n'est sensible à la lumière que s'il est parfaitement sec ; sur le papier humide, la présence de l'acide azotique empêche la formation de l'azotate basique développable. Si le nitrate mercureux contient, comme il arrive parfois, du nitrate mercurique, la sensibilité est beaucoup réduite ou même annulée. Le papier au nitrate mercureux ne peut se conserver

que peu de temps, car le sel mercureux s'oxyde
à l'air et la sensibilité à la lumière disparaît.

Pour fixer l'image développée, on peut se servir de la solution :

Eau   100
Chlorure alcalin   10

laquelle a pour effet de transformer le sel mercureux en chlorure mercureux, composé blanc
presque insensible à la lumière.

Si, avant le fixage, on plonge l'épreuve dans
la solution :

Eau   1000
Chlorure de platine . . . . . . $0^{gr},5$
Acide tartrique.   10

l'image acquiert une couleur plus belle et une
stabilité beaucoup plus considérable, le mercure
formant l'image étant remplacé, au moins en
partie, par du platine.

43. Tartrate mercureux basique. — Si,
dans une solution d'azotate mercureux, on en
verse une seconde d'acide tartrique, ou d'un tartrate soluble, il se forme un précipité blanc cris-
tallin de tartrate mercureux :

$$Hg^2C^4H^4O^6$$

sel qui possède une faible sensibilité à la lumière.

Si l'on prépare du carbonate mercureux (par
précipitation du nitrate mercureux par le carbonate de soude ou le carbonate de potasse) et si

l'on fait agir sur lui une solution concentrée d'acide tartrique, en quantité insuffisante pour transformer tout le carbonate mercureux en tartrate, on obtient un tartrate mercureux basique, substance très sensible à la lumière ; ce corps noircit directement à la lumière et peut aussi se modifier de façon à pouvoir être développé par les agents réducteurs.

Pour avoir de bons résultats, il faut fixer directement la matière sensible sur le papier. Pour cela, on prépare avant tout le papier ou nitrate mercureux comme ci-dessus et l'on plonge ce papier dans le bain :

Carbonate neutre de sodium. . .	13
Carbonate acide de sodium . . .	3,4
Eau distillée.	500

On laisse le papier quelques minutes dans ce bain, puis on le fait dessécher en le suspendant dans un lieu obscur. Afin de conserver au bain l'alcalinité nécessaire, on doit ajouter de temps à autre de petites quantités de bicarbonate de soude.

Le papier ainsi préparé et séché, noircit à la lumière en un temps relativement très court et peut aussi donner une image développable par les réducteurs si l'on expose de manière à n'avoir qu'une simple trace de l'image.

Pour développer, fixer et platiner, on procède comme pour le papier à l'azotate mercureux.

L'image, qui se produit directement à la lumière, est probablement formée par un sous-sel (sous-tartrate mercureux); jamais le mercure n'est mis en liberté. Le professeur Namias appelle *sel basique* la combinaison d'un sel neutre avec l'oxyde du métal, et *sous-sel*, la combinaison du sel neutre ou basique avec le métal. Ainsi, l'image développée est constituée par un sous-sel et non par du mercure métallique ; car elle n'est pas noire et, de plus, elle est sensiblement attaquée par les chlorures alcalins. Ce dernier fait rend nécessaire le platinage de l'image, si l'on ne veut pas qu'elle perde de vigueur dans le fixage.

44. Oxalate mercureux. — Si, dans une solution d'azotate mercureux, on verse une solution d'acide oxalique ou d'un oxalate soluble, il se forme un précipité blanc d'oxalate mercureux :

$$Hg^2C^2O^4$$

Déjà, on connaît depuis quelque temps la propriété de ce sel de noircir à la lumière. Il se décompose probablement en mercure et gaz carbonique ; mais le mercure ne devient pas libre : il se combine à l'oxalate mercureux non décomposé pour former un sous-oxalate :

$$m\mathrm{Hg}, n\mathrm{Hg}^2\mathrm{C}^2\mathrm{O}^4$$

de couleur brune.

L'oxalate mercureux, ainsi obtenu, peut être mélangé à une solution de dextrine et étendu au pinceau sur le papier.

Le papier ainsi préparé est sensible à la lumière ; cependant, il ne faut pas moins d'une demi-heure d'exposition au soleil intense pour obtenir une image avec un négatif assez faible. L'image qu'on obtient à la lumière ne peut être fixée d'aucune manière, si elle n'est pas auparavant développée avec les agents de réduction.

Si l'on modifie la méthode de préparation de l'oxalate mercureux, de manière à obtenir un oxalate basique :

$$m\mathrm{Hg^2O}, n\mathrm{Hg^2C^2O^4}$$

également blanc, la sensibilité du composé à la lumière augmente beaucoup.

Afin d'obtenir l'oxalate mercureux basique, on verse peu à peu dans la solution de nitrate mercureux, une solution de carbonate de soude à 10 % jusqu'à ce que le précipité qui se forme commence à prendre une coloration jaune paille clair. Alors on ajoute un excès de solution d'oxalate d'ammonium et on fait bouillir. En tous cas, l'exposition à la lumière doit être prolongée jusqu'à ce qu'on obtienne une image assez intense.

Si on procède au développement, après l'insolation, il ne faut qu'une exposition relativement

courte (dix à quinze minutes à une lumière diffuse intense) ; il suffit, dans ce cas, de voir une
trace d'image.

Le bain révélateur qui convient le mieux est
le suivant :

Sulfate ferreux.	10
Acide tartrique	2
Eau distillée.	1000

L'image ne se développe pas très régulièrement : après cinq à dix minutes, elle est, en général, complète. L'image développée a une couleur brune et il est probable que, dans ce cas,
elle est aussi formée par un sous-sel de mercure
et non par du mercure métallique.

Le fixage se fait en plongeant l'épreuve dans
une solution de chlorure alcalin à 5 $^0/_0$ et en l'y
laissant pendant quelques heures ; ce traitement
transforme l'oxalate mercureux en chlorure. On
lave ensuite l'épreuve pendant un quart d'heure.

Ce fixage affaiblit considérablement l'image ;
à cause de cela, il est plus convenable de soumettre les épreuves au bain de platine précédem-
ment indiqué, autrement on obtiendrait des
images peu intenses et très instables.

L'oxalate mercureux ne peut pas être mélangé
à une solution de gélatine : il se formerait des
grumeaux ; on est, par suite, obligé de mettre
dans des solutions de substances solubles à froid
telles que dextrine, gomme, etc ; il en résulte

que l'image tend à se détacher du support, et l'on doit procéder avec beaucoup de précautions.

Le papier préparé à l'oxalate mercureux jouit aussi de la propriété de pouvoir se développer par la chaleur.

L'image assez faible, due à la lumière, soumise à l'action d'une température de 100° C pendant un quart d'heure ou une demi-heure, prend une couleur brun foncé en se renforçant en même temps d'une manière considérable. Beaucoup de détails qu'on ne voyait pas dans l'épreuve imprimée deviennent parfaitement visibles après ce traitement. Toutefois, ce mode de faire ne peut avoir d'applications; car l'épreuve reprend, en peu de jours, sa coloration primitive.

On pourrait expliquer un sel de développement physique par l'équation :

$$m\mathrm{Hg}, n\mathrm{Hg}^2\mathrm{C}^2\mathrm{O}^4 = (m + n)\mathrm{Hg} + n\mathrm{HgC}^2\mathrm{O}^4$$

c'est-à-dire que le sous-oxalate mercureux formé à la lumière se décomposerait vers l'action de la chaleur, en oxalate mercurique et en mercure métallique et ces deux substances, en se recombinant ensuite lentement, reformeraient le composé primitif.

45. Oxalate de mercure-ammonium. — Ce composé peut être obtenu :

1° En traitant à chaud, le carbonate mercurique (obtenu par précipitation du chlorure mercurique avec le carbonate de soude) par l'acide oxalique en excès et en traitant ensuite l'oxalate mercurique obtenu, après l'avoir bien lavé, par l'ammoniaque. Il se produit la réaction :

$$2HgC^2O^4 + 4AzH^3 = (AzH^2Hg)^2C^2O^4 +$$

Oxalate   Ammoniaque   Oxalate de
mercurique   mercure-ammonium

$$+ AzH^4C^2O^4$$

Oxalate
d'ammonium

2° En traitant, à chaud, le chlorure de mercure-ammonium (obtenu en précipitant par l'ammoniaque le chlorure mercurique) par l'oxalate d'ammonium. La réaction est la suivante :

$$2HgAzH^2HCl + (AzH^4)^2C^2O^4 =$$

Chlorure de   Oxalate
mercure-ammonium   d'ammonium

$$= (AzH^2Hg)^2C^2O^4 + 2AzH^4Cl$$

Oxalate de   Chlorure
mercure-ammonium d'ammonium

3° En traitant, à chaud, le carbonate mercurique bien lavé par une solution d'oxalate d'ammonium :

$$2HgCO^3 + (AzH^4)^2C^2O^4 =$$

Carbonate   Oxalate
mercurique   d'ammonium

$$= (AzH^2Hg)C^2O^4 + 2H^2O + 2CO^2$$

Oxalate de   Eau   Gaz
mercure-ammonium   carbonique

Selon le procédé de préparation employé, l'oxalate de mercure-ammonium a une couleur jaune plus ou moins intense ; il n'est pas sensiblement attaqué par les acides sulfurique ou nitrique étendus.

L'acide chlorhydrique l'attaque lentement. La soude et la potasse caustique le décomposent rapidement avec formation d'hydrate mercurique jaune.

L'ammoniaque n'a pas d'action ; il en est de même pour les carbonates de soude et de potasse, à froid.

Il est soluble dans les solutions de sulfite et d'hyposulfite de soude, dans le cyanure de potassium, dans les sulfocyanates alcalins et un peu aussi dans l'iodure de potassium.

L'oxalate de mercure-ammonium noircit rapidement à la lumière. Le professeur Namias pense qu'il se forme alors du sous-oxalate de mercure-ammonium, d'après la réaction :

$$m(HgAzH^2)^2C^2O^4 =$$
Oxalate de
mercure-ammonium

$$= nHgAzH^2(m - n)\left[(HgAzH^2)C^2O^4\right] + 2nCO^2$$
Sous-oxalate de mercure-ammonium

En tous cas, on ne peut pas penser que la lumière réduise le sel mercurique à l'état de sel mercureux, parce que le composé brun qui se forme à la lumière est également soluble en entier dans le sulfite et dans l'hyposulfite.

L'oxalate de mercure-ammonium, à l'opposé de la plus grande partie des composés mercuriels n'a pas d'action coagulante sur la gélatine ; on peut donc s'en servir pour préparer une émulsion. On obtient l'émulsion en mélangeant le précipité préparé récemment avec une solution de gélatine à 10 ou 12 %. La préparation de l'oxalate de mercure-ammonium et de l'émulsion doit être faite à une lumière non actinique.

Si l'on verse l'émulsion sur une plaque de verre ou une feuille de papier et qu'on laisse sécher, on obtient une surface sensible qui peut donner une image avec une exposition de deux ou trois minutes au soleil. On ne peut pas fixer cette image : M. Namias n'a pu trouver un dissolvant pour le seul oxalate de mercure-ammonium qui n'a pas noirci à la lumière.

Si l'on réduit beaucoup le temps d'exposition, l'image invisible qu'on obtient peut être développée par un révélateur alcalin (pyrogallol, hydroquinone, diamidophénol, etc.), en présence de sulfite.

L'énergie du révélateur doit être telle que seul, le composé qui a été impressionné par la lumière soit réduit à l'état de mercure métallique. Une formule de développement qui donne de bons résultats est la suivante :

Hydroquinone	3
Sulfite de soude cristallisé. . . .	20
Carbonate de soude	30
Eau.	1000

Il semble que l'émulsion à l'oxalate de mercure-ammonium puisse subir une sorte de maturation semblable à celle qui se produit dans l'émulsion au gélatino-bromure d'argent. En effet, si on chauffe l'émulsion d'oxalate de mercure-ammonium à 80° centigrades pendant quelques heures, la sensibilité de l'émulsion augmente.

Une telle émulsion a donné une image parfaitement développable, par une exposition de trente secondes, à la lumière diffuse, sous un négatif. L'image développée est formée par du mercure métallique d'un beau noir ; pour fixer l'image, on emploie une solution saturée de sulfite ou d'hyposulfite ; le fixage se produit très lentement.

On est frappé de la très grande analogie dans la manière de se comporter de l'oxalate de mercure-ammonium et des sels haloïdes d'argent. Le premier et les autres sont solubles dans les mêmes menstrues ; l'action directe de la lumière ne met pas le métal en liberté, mais donne lieu à la formation de sous-sels. Ils jouissent tous de la merveilleuse propriété de fournir, à la suite d'une courte exposition à la lumière, une image latente qui peut être développée par les mêmes agents de réduction ; l'image développée est toujours formée par le métal très divisé. Cette analogie de propriétés entre des substances si différentes montre l'importance de l'oxalate de mercure-ammonium.

46. Procédés photographiques avec les sels de mercure et l'oxalate ferreux. *Oxalate mercureux et oxalate ferrique.* — On prépare la solution :

Oxalate ferrique	20
Eau distillée.	100
Oxalate mercureux	30

à laquelle on ajoute de la gomme arabique ou de la dextrine.

On étend ce mélange au pinceau sur le papier en ayant soin que la couche soit aussi mince que possible.

Le papier ainsi préparé est impressionné sous un négatif, à la lumière diffuse, de un à trois quarts d'heure ; la faible image qu'on obtient est développée dans le bain :

Eau.	100
Oxalate de potasse	5

qui donne une image brun foncé.

On lave cette image d'abord dans la solution :

Eau.	100
Acide oxalique.	5

ensuite dans l'eau pure, on fixe dans :

Eau.	100
Chlorure d'ammonium	10

bain dans lequel on laisse les épreuves quelques heures.

En ajoutant à la solution d'acide oxalique une

petite quantité de chloroplatinite ($0^{gr},5$ par litre)
la teinte de l'image devient plus noire et sa stabilité augmente considérablement.

Dans ce procédé, c'est l'oxalate ferreux formé
à la lumière (par réduction de l'oxalate ferrique)
qui réduit dans le bain d'oxalate de potasse le
sel mercureux à l'état de mercure métallique.

*Chlorure de mercure-ammonium et oxalate
ferrique.* — On dissout 40 grammes d'oxalate
ferrique et d'ammonium cristallisé, dans l'eau
chaude, de manière à avoir 100 centimètres
cubes de solution. A cette solution refroidie, on
ajoute 10 grammes de gélatine qu'on fait dissoudre à une douce chaleur.

On ajoute alors de 20 à 30 grammes de chlorure de mercure-ammonium humide (obtenu en
précipitant le chlorure mercurique par l'ammoniaque) et l'émulsion ainsi obtenue est étendue
sur du papier de bonne qualité.

En soumettant ce papier, sous un négatif, durant une heure environ, à la lumière diffuse
intense, on obtient une faible image qui peut être
ensuite développée par une solution étendue
d'ammoniaque.

L'oxalate ferreux qui s'est produit à la lumière
se transforme, sous l'action de l'ammoniaque, en
hydrate ferreux, lequel réduit à l'état de mercure
métallique le chlorure de mercure-ammonium,
prédispose à la réduction par la lumière.

On plonge l'épreuve dans un bain d'acide oxalique pour la débarrasser de l'oxyde ferrique qui la rend jaune; on lave bien et on fixe dans une solution saturée de sulfite ou d'hyposulfite qui dissout le composé de mercure-ammonium encore intact. Il convient d'ajouter dans le bain d'acide oxalique une petite quantité de chloroplatinite de potassium, afin d'obtenir une image plus noire et plus stable.

On peut de même obtenir très facilement une image formée par du mercure métallique, en recouvrant la surface d'une feuille de papier avec une solution d'oxalate ferrique à 3o $^0/_0$, en impressionnant fortement à la lumière et développant ensuite en plongeant l'épreuve dans une solution chaude de chlorure mercurique additionnée d'un excès d'oxalate d'ammonium.

Enfin, à l'aide d'une solution d'acide oxalique, additionnée d'un peu de chloroplatinite, on élimine l'oxyde ferrique et on donne à l'image une teinte plus noire.

CHAPITRE IX

—

PROCÉDÉS DIVERS

47. Sels de Cobalt. — Le cobalt, l'un des métaux les plus analogues au fer ([1]), donne lieu, comme on pouvait s'y attendre, à des procédés de photocopie quasi identiques ; c'est ainsi qu'en enduisant une feuille de papier d'oxalate cobaltique, puis exposant à la lumière sous un négatif, le sel cobaltique est réduit à l'état cobalteux aux points où il est atteint par la lumière ; le ferricyanure de potassium, sans action sur le sel de cobalt au maximum, peut, au contraire, donner un précipité rouge de ferricyanure cobalteux, analogue au bleu de Prusse comme constitution, au contact du sel de cobalt réduit au minimum par l'action de la lumière. Nous empruntons à MM. A. et L. Lumière ([1]) la description du mode opératoire :

([1]) *Bulletin de la Soc. française de Photographie,* année 1892, p. 441, et année 1893, p. 370, et *La Photographie,* novembre 1893, p. 129.

« On précipite un sel cobalteux, sulfate ou chlorure, par une solution de peroxyde de sodium en excès ; le précipité noir de peroxyde de cobalt est abondamment lavé par décantation à l'eau froide, puis à l'eau chaude ; il est alors recueilli sur un filtre et traité dans l'obscurité par une solution froide et saturée d'acide oxalique en prenant la précaution d'avoir, dans la liqueur, un excès d'oxyde cobaltique. La solution n'est terminée qu'après quelques heures de digestion ; on la filtre dans une cuvette, puis on fait flotter à sa surface des feuilles de papier recouvertes d'un encollage à la gélatine. Séchées dans l'obscurité, les feuilles de papier sensible sont exposées sous un négatif ordinaire : l'impression n'exige qu'une faible fraction du temps nécessaire pour l'obtention d'épreuves aux sels d'argent sur papier albuminé, toutes conditions égales d'ailleurs ; cette impression se traduit par le changement de couleur du papier qui passe du vert au rose, la lumière réduisant le sel cobaltique vert à l'état d'oxalate cobalteux rose. Lorsque l'exposition est jugée suffisante, on immerge l'épreuve sans lavages dans une solution à 5 o/o de ferricyanure de potassium. Dans toutes les parties de l'épreuve atteintes par la lumière, le sel cobalteux donne du ferricyanure cobalteux insoluble dans l'eau, tandis que, dans les points de cette même épreuve qui n'ont pas été impressionnés, le sel sensible reste à l'état cobaltique et ne donne rien avec le ferricyanure. Après un lavage abondant qui enlève les sels solubles en excès, on a une épreuve rouge peu intense, que l'on peut renforcer par divers moyens en transformant, par exemple, le ferricyanure cobalteux en sulfure noir par immersion dans une solution faible (de 1 à 2 o/o) d'un sulfure alcalin. Il ne reste plus qu'à laver sommairement ».

De même que la différenciation entre le sel ferrique et le sel ferreux peut s'effectuer par un ferricyanure ou par divers produits organiques, en particulier, l'acide gallique, on peut ici différencier les sels cobaltiques et cobalteux par un assez grand nombre de phénols qui donnent des matières colorantes au contact du sel au maximum, comme ils le font avec les sels manganiques (§ **38**). Dans la même famille de métaux, MM. A. et L. Lumière ont signalé aussi les propriétés, peu facilement utilisables d'ailleurs, des sels du vanadium et du cérium.

48. Sels de Molybdène et de Tungstène. — M. G.-H. Niewenglowski a fait une étude sommaire des propriétés photographiques des sels de molybdène et de tungstène (¹), corps très voi-

----

(¹) G. H. NIEWENGLOWSKI. — *Propriétés photographiques des composés du molybdène, du tungstène et du chrome*. Journal *La Photographie*, 3o mai 1894.

sins du chrome. Déjà M. Schœn avait découvert une propriété fort curieuse des sels tungstiques :

« Quand, à une solution d'un tungstate alcalin, on ajoute de l'acide chlorhydrique, il se forme un précipité blanc gélatineux, qui ne tarde pas à jaunir et qui n'est autre qu'un hydrate de formule TuO^4H^2, H^2O. Ajoutant un excès d'acide, cet hydrate se redissout et un papier ou un tissu imprégné de cette solution bleuit à la lumière et peut, insolé derrière un négatif, donner des images bleues ; cependant la sensibilité est moindre qu'avec les molybdates ; mais cette fois, contrairement à ce qui se passe avec les molybdates, la coloration bleue disparaît à l'obscurité ; le composé réduit se réoxyde dans ces conditions ».

49. Sels d'uranium. — Les sels uraniques passent, sous l'action de la lumière, à l'état de sels uraneux. Plusieurs procédés de photocopie sont basés sur ce phénomène. Nous ne décrirons que ceux indiqués par Niepce de Saint-Victor, qui permettent d'obtenir des images de diverses couleurs ([1]).

---

p. 65, et *Bulletin de la Société française de Photographie.*

([1]) On trouvera les autres procédés décrits dans le tome III du *Traité encyclopédique de Photographie de FABRE.*

Le papier à sensibiliser est mis à flotter quinze minutes sur la solution :

> Eau. 100
> Azotate d'urane 20

et séché devant le feu.

Après l'insolation, l'épreuve est plongée dans de l'eau à 5o ou 6o°, puis passée dans des bains différents selon la couleur à obtenir :

Images rouge sanguine :

> Eau. 100
> Ferricyanure de potassium . . . 2

Après ce bain on lave et sèche.

Images vertes :

> Eau. 100
> Azotate de cobalt 1

Au sortir de ce bain, on sèche au feu, ce qui fait apparaître la couleur verte, après quoi, on fixe dans

> Eau. 200
> Acide sulfurique 4
> Sulfate ferreux. 4

on lave et on sèche au feu.

On obtient un vert plus solide en plongeant l'épreuve insolée dans une solution à 2 $\%$ de perchlorure de fer.

Images violettes :

> Eau 1000
> Chlorure d'or. 5

on lave à plusieurs eaux et on laisse sécher.

50. Sels de cuivre, de plomb, etc. — On trouvera l'exposé des réactions sur lesquelles sont basés ces procédés dans l'Aide-mémoire intitulé : *La Théorie des Procédés photographiques* (1) et la pratique dans le *Traité Encyclopédique* de Fabre.

---

(1) A. DE LA BAUME PLUVINEL. — *La Théorie des Procédés photographiques*. — Encyclopédie scientifique des Aide-Mémoire.

CHAPITRE X

—

PROCÉDÉS AUX DIAZOSULFITES
ET AUX TÉTRAZOSULFITES ALCALINS

51.—Les dérivés diazoïques forment avec le sulfite de soude des combinaisons moléculaires bien cristallisées, beaucoup plus stables que le dérivé diazoïque initial, combinaisons dans lesquelles les propriétés des dérivés diazoïques sont complètement marquées ; parmi ces propriétés, l'une des plus caractéristiques est de se combiner aux amines et aux phénols pour donner des matières colorantes azoïques.

La plupart de ces composés sont détruits sous l'action de la lumière ; si on mélange un de ces composés avec une amine ou un phénol, on obtient un liquide incolore qu'on fait étendre à la surface d'une feuille de papier. Si, après séchage dans l'obscurité, on expose ce papier à la lumière, le dérivé diazoïque mis en liberté donne naissance, en agissant sur l'amine ou le phénol, à une matière colorante qui se fixe sur la fibre du papier.

Feer a, le premier, basé, sur ces propriétés, un procédé de photocopie très intéressant (1).

L'image est fixée par un simple lavage à l'eau pure ou acidulée avec un peu d'acide chlorhydrique.

En faisant varier les corps employés, on peut obtenir des épreuves de diverses couleurs : les plus curieuses sont les images rouge écarlate que donne le sel diazosulfonique de la pseudocumidine avec une solution de β-naphtol dans la soude. En remplaçant le β-naphtol par l'α-naphtylamine, on obtient des images violettes ; la résorcine donne des images orange.

Avec ce procédé, les fonds sont parfaitement blancs ; mais il arrive parfois que l'image pénètre trop dans le papier, ce qui donne un peu de *flou*.

Feer avait limité son étude à un petit nombre de diazo et de tétrazosulfites alcalins, sur la préparation et sur les propriétés desquels un brevet ne donne, du reste, pas de renseignement.

Ce sont les composés suivants :

Benzène diazosulfite de soude, toluène diazosulfite de soude, benzidine tétrazosulfite de soude, toluidine tétrazosulfite de soude.

---

(1) *Brevet allemand*, 5 décembre 1898 ; *Photographic News*, 1891, p. 98, et *Bulletin de la Société française de Photographie*, mars 1891, p. 109.

MM. Lumière frères et A. Seyewetz ont repris l'étude d'un certain nombre de ces combinaisons et de leurs propriétés photographiques dans le but d'essayer d'obtenir des monochromes simples bleu, rouge et jaune, devant servir à obtenir des épreuves polychromes par une méthode indirecte de photographie des couleurs [1].

Ils ont communiqué le résultat de ces recherches à la séance du 7 février 1896 de la Société française de Photographie. Nous reproduisons textuellement cette intéressante communication [2].

« Afin d'opérer sur des solutions de titre connu et de composition définie, nous avons été conduits à chercher un moyen facile d'isoler ces corps et de les purifier. Nous avons pu ainsi déterminer d'une façon sûre les propriétés photographiques des composés déjà décrits, et préparer un certain nombre de combinaisons sulfitées n'ayant pas encore été étudiées.

« Le procédé indiqué pour l'obtention des quelques combinaisons décrites jusqu'ici, con-

----

[1] A. et L. LUMIÈRE. — *Revue générale des Sciences*, décembre 1895, p. 1037, et L. P. CLERC. — *La Photographie des couleurs*. Encyclopédie scientifique des Aide-Mémoire.

[2] *Bulletin de la Société française de photographie ;* 5 avril 1896, p. 196.

sistant à ajouter la solution de sulfite alcalin
au sel diazoïque, puis à laisser réagir le mélange
jusqu'à ce qu'il ne donnât plus de réaction colorée avec un phénate alcalin, par exemple, puis
à précipiter la combinaison formée par un excès
de solution concentrée d'alcali caustique (¹).
Cette précipitation qui ne donnait des résultats
que dans un nombre limité de cas, présentait,
en outre, l'inconvénient de fournir un coup
toujours imprégné d'un excès d'alcali caustique
dont il était impossible de le débarrasser.

« Nous avons reconnu que le sel marin préci-
pitait facilement ces combinaisons et rendait leur
isolement complet, même au sein de solutions
diluées.

« Voici le mode général de préparation que
nous avons adopté pour ces composés :

« Après avoir diazoté l'amine par le nitrite de
soude et l'acide chlorhydrique par exemple,
dans les conditions habituelles, on ajoute au diazoïque formé, refroidi vers 10°, une solution
concentrée, également froide, de sulfite de soude.
Les meilleurs rendements s'obtiennent avec deux
molécules de sulfite de soude pour une molécule
de diamine ; un excès de sulfite tend à former

(¹) E. FISCHER. — *Diazobenzène sulfite de soude*,
Ann. 1890, p. 73.

HALLER. — *Diazocumène sulfite de soude*. Ber. 18,
p. 90.

un dérivé hydrazinique, une trop petite quantité ne donne une combinaison complète qu'après un temps très long.

« Dans les conditions que nous avons indiquées, après un quart d'heure environ, la combinaison est complète et le mélange ne donne plus de réaction colorée avec les amines ou les phénols ; il est facile, du reste, de suivre la marche de cette réaction. La solution finale a une couleur variant du jaune clair au jaune orange ; on la sature par le sel marin en poudre. La combinaison sulfitée précipite alors sous forme d'une poudre cristalline dont la couleur varie du jaune clair au jaune brun.

« Obtenus d'amines impures, ces composés sont plus ou moins goudronnés et colorés en brun. On les purifie facilement par redissolution dans une petite quantité d'eau, filtration et reprécipitation par le sel. Un certain nombre de ces combinaisons, beaucoup plus solubles dans l'eau pure ou dans l'eau salée chaude que froide, peuvent être simplement purifiés par cristallisation dans ces réactifs.

52. — « Voici la liste des dérivés sulfités des amines que nous avons isolés par cette méthode. Ce sont seulement ceux que nous avons cru pouvoir présenter un intérêt pour le but que nous nous proposons :

TABLEAU DES DÉRIVÉS SULFITÉS

Nom de l'amine diazotée réagissant sur le sulfite de soude	Propriétés de la combinaison diazosulfitée
Aniline.	Cristaux jaune clair. SOLUBILITÉ : *Eau*, très soluble dans l'eau froide. *Alcool*, assez soluble à froid, un peu plus soluble à chaud. Purifiés par cristallisation dans l'eau salée bouillante.
Ortho-toluidine.	Cristaux jaune d'or. SOLUBILITÉ : *Eau*, assez soluble dans l'eau froide, plus soluble à chaud, cristallise par refroidissement. *Alcool*, peu soluble à froid, un peu plus soluble à chaud. Purifiés par cristallisation dans l'eau bouillante.
Xylidine commerciale.	Paillettes jaune clair. SOLUBILITÉ : *Eau*, assez soluble à froid, plus soluble à chaud, cristallise par refroidissement.

Tableau des dérivés sulfités (*suite*)

Nom de l'amine diazotée réagissant sur le sulfite de soude	Propriétés de la combinaison diazosulfitée
Xylidine commerciale (suite).	Paillettes jaune clair. *Alcool*, peu soluble à froid, un peu plus soluble à chaud. Purifié par cristallisation dans l'eau salée.
α-*Naphtylamine*. β-*Naphtylamine*.	L'addition de sulfite de soude dans le dérivé diazoïque, même refroidi à 0°, provoque immédiatement sa décomposition.
Acide naphtionique.	Précipité brun clair. Solubilité : *Eau*, très soluble à froid. *Alcool*, peu soluble à froid, un peu plus soluble à chaud. Purifié par précipitation avec le sel marin.
Benzidine.	Cristaux jaune brun. Solubilité : *Eau*, peu soluble à froid, plus soluble à chaud, cristallise par refroidissement.

TABLEAU DES DÉRIVÉS SULFITÉS (*suite*)

Nom de l'amine diazotée réagissant sur le sulfite de soude	Propriétés de la combinaison diazosulfitée
Toluidine.	Cristaux jaune brun. SOLUBILITÉ : *Eau*, assez soluble à froid, plus soluble à chaud, cristallise par re-froidissement. *Alcool*, à peine soluble à froid, un peu plus soluble à chaud. Purifiés par cristallisation dans l'eau bouillante.
Éthoxybenzidine.	Cristaux jaune brun. SOLUBILITÉ : *Eau*, très soluble à froid. *Alcool*, très peu soluble à froid, un peu plus soluble à chaud. Purifiés par cristallisation dans l'eau salée bouillante.
Dianisidine.	Cristaux soyeux jaune brun. SOLUBILITÉ : *Eau*, très peu soluble à froid, plus soluble à chaud, cristallise par refroidissement.

Tableau des dérivés sulfités (suite et fin)

Nom de l'amine diazotée réagissant sur le sulfite de soude	Propriétés de la combinaison diazosulfitée
Dianisidine (suite).	*Alcool*, très peu soluble à froid, un peu plus soluble à chaud. Purifiés par cristallisation dans l'eau bouillante.
Amidoazobenzène.	Cristaux jaune brun. Solubilité : *Eau*, très soluble à froid. *Alcool*, peu soluble à froid, un peu plus à chaud. Cristaux soyeux jaune brun. Purifiés par cristallisation dans l'eau salée bouillante.

53. — « Tous ces composés donnent des solutions aqueuses, variant du jaune clair au jaune foncé, qui peuvent être facilement chauffées à 100° sans se décomposer. Conservées dans l'obscurité, elles ne donnent aucune matière colorante avec les amines ou les phénols. Si l'on en imprègne des papiers que l'on sèche dans l'obscurité, ceux-ci sont colorés en jaune et l'on constate qu'ils ne donnent pas de matière colorante lorsqu'on les plonge dans la solution d'une amine ou d'un phénate alcalin ; mais ils se colorent aussitôt dans ces conditions, lorsqu'ils ont été préalablement exposés à la lumière.

« On peut donc indifféremment produire la réaction colorée, soit en imprégnant le papier du mélange de diazoïque sulfité et d'amine ou de phénate alcalin, et exposant à la lumière, soit en imprégnant seulement le papier de la combinaison sulfitée, exposant à la lumière, puis faisant former la matière colorante en plongeant le papier dans une solution d'amine ou de phénate alcalin.

« Néanmoins, ces deux réactions semblent parfaitement distinctes, du moins dans certains cas, par exemple, avec les *tétrazosulfites alcalins* et les *naphtylamines*, car on peut isoler dans ces cas une huile brune qui prend naissance par le mélange des réactifs. Ce corps constitue la substance sensible elle-même ; elle paraît être une véritable combinaison du dérivé diazosulfité avec l'amine. L'hypothèse qui consisterait à considérer comme un simple mélange le diazosulfite alcalin et l'amine ou le phénate alcalin, et à supposer que la lumière a pour unique effet de dissocier le diazosulfite comme s'il était isolé, ne paraît donc pas justifiée, du moins dans certains cas. La lumière agirait donc sur une combinaison particulière du tétrazosulfite avec l'amine ou le phénol.

« Notre but ayant été plus particulièrement de

rechercher les combinaisons sulfitées, susceptibles de produire, sous l'action de la lumière,
après mélange avec l'amine ou le phénol, les
trois couleurs simples, pour obtenir les trois,
monochromes, nous avons essayé de faire agir
une quantité considérable d'amines et de phénols
à fonction simple et mixte sur ces combinaisons
sulfitées.

« Les couleurs variées que nous avons ainsi
obtenues ne présentant pas beaucoup d'intérêt
et se rapprochant beaucoup, du reste, de celles
obtenues directement avec ces mêmes corps sur
les fibres textiles, nous ne les énumérerons pas.

54. — « Nous nous contenterons d'indiquer les
réactifs qui fournissent le mieux le *bleu*, le *rouge*
et le *jaune*.

« Nous avons fait varier méthodiquement les
quantités respectives des réactifs entrant dans
chaque formule, afin d'obtenir, en même temps
qu'une grande sensibilité, un mélange n'altérant
pas le papier.

« Voici les mélanges qui réalisent le mieux ces
conditions :

JAUNE

Diazoorthotoluidine sulfite de soude.	2^{gr}
Métamidophénol (base)	1^{gr}
Eau	100^{cc}

« Plonger le papier dans cette solution ; laisser
sécher dans l'obscurité.

ROUGE

Solution A

Tétrazotolylsulfite de soude. 1ᵍʳ
Eau 125ᶜᶜ

Solution B

β-naphtylamine éther-chlorhydrate .   2ᵍʳ,5
Eau 125ᶜᶜ

« Plonger le papier d'abord dans A, puis dans B,
et laisser sécher dans l'obscurité.

BLEU

« Il est très difficile d'obtenir par cette méthode
un bleu pur. Néanmoins, on arrive à avoir une
coloration bleue très légèrement violacée avec
le mélange suivant :

Solution A

Tétrazoéthoxybenzidine   sulfite   de
  soude 1ᵍʳ
Eau 125ᶜᶜ

Solution B

α-naphtylamine étherchlorhydrate .   2ᵍʳ,5
Eau 125ᶜᶜ

« Plonger le papier d'abord dans A, puis dans B,
et laisser sécher dans l'obscurité.

« La meilleure façon de fixer ces couleurs est
l'emploi de l'eau chaude vers 50-60° ; on dissout facilement le composé sulfité non insolé.

« Nous avons reconnu que les combinaisons
diazosulfitées perdaient notablement leur sensi-

bilité à la lumière, lorsqu'on y substituait divers groupements acides, tels que SO^3H, AzO^2.

« Suivant la position de ces groupements, la sensibilité est modifiée dans des proportions différentes. Certains même d'entre eux ne subissent qu'une modification à peine sensible sous l'action de la lumière. »

CHAPITRE XI

—

PROCÉDÉS A LA PRIMULINE

55. — La *primuline* (¹), qu'on désigne aussi
sous les noms de *polychromine*, *thiochromogène*,
jaune caméléon, *sulfine*, *auréoline*, a été décou-
verte en 1887 par le chimiste anglais Arthur
Green qui l'obtenait en chauffant, entre 200
et 300° C, la paratoluidine avec du soufre, et en
traitant à froid le produit de cette réaction par
l'acide sulfurique fumant.

Green constata que les sels alcalins solubles
de l'acide sulfoné ainsi réalisé, jouissaient de la
propriété de teindre le coton non mordancé, il
reconnut, d'autre part, que la teinture ainsi
fixée pouvait être diazotée sur la fibre même,
par immersion du tissu dans une solution faible
d'acide azoteux. Le composé diazoïque résultant
de cette transformation peut, soit être détruit
par une exposition de quelques instants à la
lumière, soit être transformé en matières colo-

(¹) *Photographic News*, 1890, p. 701, 777 et 889.

rantes extrêmement stables, à condition d'avoir été conservé à l'obscurité, au contact d'une dissolution faible d'un phénol ou d'une amine.

MM. Cross et Bowan [1] ont, en 1890, fondé, sur ces phénomènes, un procédé de photocopie applicable à la décoration de toute substance de nature organique : papier, étoffes, gélatine, soie, toiles, laine, etc. [2].

Ce procédé, qui est le plus économique que l'on puisse imaginer, permet de réaliser, en un temps très court et sans aucune difficulté, des épreuves inaltérables de teintes très variées.

« La primuline n'est autre, nous l'avons dit, que le sel de soude de l'acide sulfoné d'une amine primaire, appelée dihydrothio-paratoluidine. Elle se présente sous la forme d'une poudre jaune soluble dans l'eau chaude, et teignant facilement les fibres d'origine animale ou végétale : la soie, le coton, le papier. Ainsi fixée, elle peut subir toutes les réactions que nous venons d'indiquer, c'est-à-dire transformation en dérivé

---

[1] *Photograph. Wochenblatt*, 1890, p. 345 et 356. — *Photogr. Archiv.*, 1890, p. 321. — *Berichte d. ch. G.*, 1890, p. 3131 et *Bulletin de la Société française de Photographie*, mars 1891, p. 107.

[2] Voir les applications à la Photo-teinture dans le volume de l'Encyclopédie scientifique des Aide-mémoire que nous avons publié sous le titre : *Applications de la photographie aux Arts industriels*, p. 162.

diazoïque par l'action de l'acide nitreux, puis décomposition par la lumière ou production d'une matière colorante par addition d'une amine ou d'un phénol.

« Le procédé basé sur ces faits se pratique comme il suit :

On fait dissoudre, au bain de sable, 10 grammes de primuline dans 320^{cc} d'eau bouillante. On décante le liquide et, le maintenant chaud, on s'en sert pour teindre du papier ou du calicot, qui n'exige que quelques minutes.

Par égouttage ou lavage à l'eau, on enlève l'excès de bain colorant et on plonge dans un bain formé de :

Eau . . . . 1000^{cc}
Nitrite de soude. . . . . 6^{gr}
Acide chlorhydrique . . . . . 14^{cc}

Par suite de la formation du composé diazoïque, la teinte tourne au brun rougeâtre ; on rince à l'eau et on laisse sécher dans l'obscurité. On a ainsi des surfaces sensibles à la lumière, qu'on expose au châssis-presse.

L'insolation peut se faire à volonté à la lumière du jour ou à la lumière électrique ou à la lumière oxhydrique. La durée d'insolation varie naturellement suivant la qualité du cliché et selon l'intensité de la lumière. En plein soleil, une demi-minute peut suffire ; il arrive parfois qu'au contraire, avec un ciel sombre et couvert,

vingt minutes ou même une demi-heure d'exposition sont nécessaires.

Quand la décomposition de la substance sensible est complètement achevée, ce qu'il est facile de reconnaître par l'insolation simultanée
d'une bande témoin, ou, ce que l'on peut apprécier aussi, après essai préalable, au moyen d'un
photomètre, l'épreuve est immergée dans le bain
qui doit faire apparaître une matière colorante
dans toutes les parties non insolées.

On emploie, selon la teinte à obtenir, soit un
phénol en solution alcaline, soit une amine en
solution chlorhydrique.

Le bain :

Eau . . . . 480^{cc}
Soude ou potasse caustique. . . 6^{gr}
β-naphtol . . . . 4^{gr}

qu'on prépare en dissolvant d'abord l'alcali
dans un peu d'eau, en mélangeant dans un
mortier avec le β-naphtol et ajoutant le reste de
l'eau, donne des images rouges.

La solution :

Eau. 480
Résorcine . . . . 3^{gr}
Soude ou potasse caustique . . . 5^{gr}

donne des tons orangés.

On obtient des images pourpres dans le bain :

α-Naphtylamine . . . . 6^{gr}
Acide chlorhydrique . . . . . . 6^{gr}
Eau. 480

noires dans le bain :

Iconogène 6ᵍʳ
Eau.   480

Le tableau suivant donne d'ailleurs les substances à employer selon la nuance qu'on désire
obtenir :

Rouge.   Solution alcaline de β-naphtol.
Marron.   //   β-naphtol disulfoné.
Jaune.   //   phénol ordinaire.
Orange.   //   résorcine.
Vert.   //   amido-β-naphtolsulfoné.
Brun.   Solution chlorhydrique de phénylène-diamine.
Pourpre.   //   α-naphtylamine.

En une minute environ, l'épreuve monte dans
un de ces bains à sa valeur définitive et un
court rinçage, sans qu'il soit nécessaire de procéder à aucune opération complémentaire,
fournit l'image achevée qu'il suffit d'abandonner
à elle-même jusqu'à dessiccation.

On lui donne plus de brillant et plus de relief
en l'enduisant d'un très léger empois d'amidon
et la repassant au fer chaud une fois presque entièrement sèche.

On voit donc qu'en une demi-heure par un
temps sombre, en dix minutes par une belle
journée ensoleillée, on peut préparer et sensibiliser un papier, une étoffe, procéder à l'insolation. au développement et au rinçage final et
produire ainsi, à très peu de frais, une image
inaltérable.

Remarquons cependant qu'il est extrêmement
difficile d'obtenir par ce procédé des blancs très
purs ; les images ainsi obtenues ont le plus souvent un fond jaunâtre. On atténue beaucoup
cette sorte de voile en protégeant le fond avec
le plus grand soin contre tout accès inopiné de
lumière blanche ; en particulier, le chargement,
l'examen et le déchargement des châssis ne s'ef-
fectueront qu'à la lumière jaune du laboratoire.

Cet inconvénient est d'ailleurs largement com-
pensé par la possibilité d'obtenir une image en
plusieurs couleurs, par l'emploi de divers bains
appliqués au pinceau sur différentes régions de
l'épreuve.

APPENDICE

—

PRÉPARATION RAPIDE DES BAINS
PHOTOGRAPHIQUES

Les journaux photographiques sont remplis
de formules et recettes que l'amateur hésite souvent à essayer, à cause du temps que prend la
préparation des bains indiqués. Cette préparation
est instantanée si on utilise la propriété des solutions saturées : « Une solution saturée d'un
même corps dans un même dissolvant, à une
même température, est toujours identique à elle-
même ». Il suffit donc de préparer d'avance des
solutions saturées des divers produits les plus
usités et de savoir la quantité de sel que renferme
1 centimètre cube de chacune de ces solutions.
C'est ainsi que 1 centimètre cube d'une solution
saturée de sulfite de sodium correspond à $0^{gr},2$
de sulfite anhydre ou à $0^{gr},4$ de sulfite cristallisé ;
pour préparer un bain renfermant un certain
poids, 20 grammes, par exemple, de sulfite an-

hydre, il suffira de prendre autant de centimètres cubes de la solution saturée que le poids indiqué renferme 0^{gr},2 soit, pour l'exemple choisi, 100 centimètres cubes. Bien entendu, il faudra tenir compte de la quantité d'eau ainsi introduite. Ainsi le bain de développement à l'hydroquinone le plus employé est celui de cette formule :

Eau	1000^{cc}
Sulfite de sodium anhydre	40^{gr}
Hydroquinone	10^{gr}
Carbonate de sodium	150^{gr}

Si on a, toutes préparées, des solutions saturées de sulfite de sodium et de carbonate, on préparera le bain instantanément en mélangeant :

Solution saturée de sulfite.	200^{cc}
Solution saturée	3,5^{cc}
Hydroquinone	10^{gr}
Eau, quantité suffisante pour faire. . .	1000^{cc}

Ce mode d'opérer nous a été donné par un habile amateur, M. H. Émery, qui a eu l'heureuse idée d'établir une collection d'étiquettes destinées à être collées sur les flacons renfermant les solutions saturées et sur chacune desquelles est inscrit le poids de sel contenu dans 1 centimètre cube de la solution saturée ([1]). Nous don-

---

[1] M. H. ÉMERY. — *Étiquettes photographiques accompagnées d'instructions pratiques sur la préparation rationnelle de solutions employées en photographie.* Paris, H. Desforges, éditeur.

nons ci-dessous un spécimen de ces étiquettes.

> *Solution saturée de sulfite de sodium :*
>
> Un centimètre cube renferme :
>
> $0^{gr},2$ de sel anhydre
> $0^{gr},4$ de sel cristallisé

> *Solution saturée d'hyposulfite de sodium :*
>
> 1 centimètre cube renferme $0^{gr},80$

Leur emploi évitera au photographe de fastidieux calculs et lui permettra d'abréger la préparation de ses bains. Il est vrai que la teneur en sel d'une solution saturée varie avec la température ; mais ces variations, le plus souvent faibles, n'ont aucun inconvénient, les opérations photographiques n'exigeant que très rarement l'emploi de bains exactement dosés.

MANIÈRE D'ÉVITER LES PESÉES

89. — Nous venons de voir que la préparation des solutions saturées évitait l'usage de la balance. On peut encore l'éviter en employant un procédé très simple et donnant une approximation suffisante. On verse dans une éprouvette graduée 100 centimètres cubes d'eau et on ajoute une quantité du sel à dissoudre tel que le volume du liquide s'arrête à une certaine division.

Ainsi, pour préparer une solution :

	le volume devra s'élever à
d'oxalate neutre de potassium à 33 $^0/_0$.	115^{cc}
de sulfate ferreux à 33 $^0/_0$	115^{cc}
de sulfate ferreux à 60 $^0/_0$	128^{cc}
de sulfite de sodium saturée (cristallisé).	135^{cc}
de sulfite de sodium saturée (anhydre) .	115^{cc}
d'hyposulfite de sodium	112^{cc}

etc...

Il est d'ailleurs facile de compléter soi-même cette table.

BIBLIOGRAPHIE

—

Barreswill et Davanne. — *Chimie photographique*,
2ᵉ édition. Paris, Mallet-Bachelier, imprimeur-
libraire (sans date).

Dʳ J.-M. Eder. — *Théorie et pratique du procédé au
gélatino-bromure d'argent.* Traduction française de
la 2ᵉ édition allemande, par Hector Colard et O.
Campo. Paris, Gauthier-Villars, éditeur, 1883.

A. de la Baume Pluvinel. — *Le développement de
l'image latente.* Paris, Gauthier-Villars, éditeur,
1889.

— *La théorie des procédés photographiques.* 1 vol.
de l'Encyclopédie scientifique des Aide-Mémoire.

Fourtier (H.) — *Dictionnaire pratique de chimie
photographique.* Paris, Gauthier-Villars, éditeur,
1892.

Niewenglowski (G. H.) — *La photographie et la photochimie.* 1 vol. de la Bibliothèque scientifique in-
ternationale. Paris, Félix Alcan, éditeur, 1897.

Liesegang (R. Ed.) — *Chimie photographique à l'usage
des débutants.* Traduit de l'allemand et annoté par
le professeur J. Maupeiral. Paris, Gauthier-Villars,
éditeur, 1898.

Maumené. — *Manuel de chimie photographique.*
Paris, Société d'Éditions scientifiques.

Chastaing (P.) — *Étude de la part de la lumière
dans les actions chimiques et, en particulier, dans*

les oxydations (Thèse). Paris, Gauthiers-Villars, 1877.

HARDWICH. — *Photographic Chemistry*. London, 1850.

TAYLOR. — *A manual of photographic Chemistry.* London, 1883.

A. POITEVIN. — *Traité des impressions photographiques*, 2e édition. Paris, Gauthier-Villars, éditeur, 1883.

P. MERCIER, chimiste, lauréat de l'École supérieure de pharmacie de Paris. — *Virages et Fixages ; traité historique, théorique et pratique. Première partie : Notice historique : virages aux sels d'or. Deuxième partie : Virages aux divers métaux; fixages.* Paris, Gauthier-Villars, 1892 et 1893.

L.-P. CLERC. — *La Chimie du photographe :*

    I. — *Notions générales de chimie photographique.*

    II. — *Les produits photographiques.*

    III. — *Préparation des surfaces sensibles.*

    Paris, H. Desforges, éditeur, 1898 et 1899.

GIUSEPPE PIZZIGHELLI et ARTHUR HUBL. — *La platinotypie, exposé théorique et pratique d'un procédé photographique aux sels de platine, permettant d'obtenir directement des épreuves inaltérables.* Traduit de l'allemand par Henry Gauthier-Villars. Deuxième édition française. Paris, Gauthier-Villars, éditeur, 1887.

TABLE DES MATIÈRES

—

ST-AMAND (CHER), IMPRIMERIE DESTENAY, BUSSIÈRE FRÈRES

EXTRAIT DU CATALOGUE

(Avril 1899)

VIENT DE PARAITRE

Traité élémentaire

DE

Clinique Thérapeutique

Par le Dᵣ Gaston LYON

Ancien chef de clinique médicale à la Faculté de médecine de Paris

TROISIÈME ÉDITION REVUE ET AUGMENTÉE

1 *volume grand in-8° de* viii-1332 *pages. Relié peau.* **20 fr.**

La seconde édition de ce livre a reçu du public médical le même accueil favorable que la première. Nous trouvant par suite dans l'obligation agréable de préparer une troisième édition, nous avons considéré comme un devoir strict d'y apporter tous nos soins et de justifier ainsi la faveur soutenue dont notre ouvrage a été l'objet.

En raison du court espace de temps qui s'est écoulé entre la seconde édition et la présente, nous n'avions pas à enregistrer des progrès bien notables dans le domaine de la thérapeutique. Cependant, quelques médications nouvelles ont dû être mentionnées : notamment, le traitement sérothérapique de la peste, les différentes applications de l'opothérapie qui se sont multipliées depuis peu de temps, le traitement des cardiopathies par les agents physiques, les traitements chirurgicaux d'affections considérées jusque-là comme relevant exclusivement de la thérapeutique médicale (angiocholites infectieuses, ulcère de l'estomac, sténoses gastriques, etc.....)

D'autre part, un certain nombre de chapitres nouveaux ont été ajoutés, avec tous les développements que comporte leur importance ; citons notamment ceux consacrés aux cardiopathies infantiles, aux sténoses du pylore, aux angiocholites infectieuses, aux péritonites aiguës, aux méningo-myélites aiguës, aux poliomyélites, à la peste, etc.....

Le chapitre consacré aux dyspepsies a été récrit en entier. Tous les autres chapitres de notre ouvrage ont été l'objet de modifications de détails : quelques-uns même ont été presque entièrement refondus (blennorragie, syphilis, neurasthénie, infections gastro-intestinales infantiles, etc.).

Sur la demande d'un grand nombre de nos lecteurs, une table alphabétique a été ajoutée, qui facilitera les recherches.

Le rôle du médecin change en même temps que se modifient les médications. La mise en œuvre des soins antiseptiques, l'emploi des injections de sérum, tout cela fait que le rôle actif du médecin grandit sans cesse. Nous avons tenu, dans cette édition, à insister sur les détails de direction des traitements, en un mot, à justifier, mieux encore que par le passé, notre titre de *Traité de clinique thérapeutique.*

Traité de Chirurgie

PUBLIÉ SOUS LA DIRECTION DE MM.

Simon DUPLAY   **Paul RECLUS**

Professeur à la Faculté de médecine   Professeur agrégé à la Faculté de médecine
Chirurgien de l'Hôtel-Dieu   Chirurgien des hôpitaux
Membre de l'Académie de médecine   Membre de l'Académie de médecine

PAR MM.

BERGER, BROCA, DELBET, DELENS, DEMOULIN, J.-L. FAURE, FORGUE
GÉRARD MARCHANT, HARTMANN, HEYDENREICH, JALAGUIER, KIRMISSON
LAGRANGE, LEJARS, MICHAUX, NÉLATON, PEYROT
PONCET, QUÉNU, RICARD, RIEFFEL, SEGOND, TUFFIER, WALTHER

DEUXIÈME ÉDITION ENTIÈREMENT REFONDUE

8 vol. gr. in-8° avec nombreuses figures dans le texte. En souscription . . **150 fr.**

TOME I. — *1 vol. grand in-8° avec 218 figures* . . . . **18 fr.**

RECLUS. — Inflammations, trauma- | QUÉNU. — Des tumeurs.
tismes, maladies virulentes. | LEJARS. — Lymphatiques, muscles,
BROCA. — Peau et tissu cellulaire | synoviales tendineuses et bourses
sous-cutané. | séreuses.

TOME II. — *1 vol. grand in-8° avec 361 figures* . . . . . **18 fr.**

LEJARS. — Nerfs. | RICARD et DEMOULIN. — Lésions
MICHAUX. — Artères. | traumatiques des os.
QUÉNU. — Maladies des veines. | PONCET. — Affections non trauma-
| tiques des os.

TOME III. — *1 vol. grand in-8° avec 285 figures* . . . . . **18 fr.**

NÉLATON. — Traumatismes, entorses, | LAGRANGE. — Arthrites infectieuses
luxations, plaies articulaires. | et inflammatoires.
QUÉNU. — Arthropathies, arthrites | GÉRARD MARCHANT. — Crâne.
| KIRMISSON. — Rachis.
sèches, corps étrangers articulaires. | S. DUPLAY. — Oreilles et annexes.

TOME IV. — *1 vol. grand in-8° avec 334 figures* . . . . . **18 fr.**

DELENS. — L'œil et ses annexes. | nasales, pharynx nasal et sinus.
GÉRARD MARCHANT. — Nez, fosses | HEYDENREICH. — Mâchoires.

TOME V. — *1 vol. grand in-8° avec 187 figures* . . . . . **20 fr.**

BROCA. — Face et cou. Lèvres, ca- | des salivaires, œsophage et pharynx.
vité buccale, gencives, palais, langue, | WALTHER. — Maladies du cou.
larynx, corps thyroïde. | PEYROT. — Poitrine.
HARTMANN. — Plancher buccal, glan- | PIERRE DELBET. — Mamelle.

TOME VI. — *1 vol. grand in-8° avec 218 figures* . . . . . **20 fr.**

MICHAUX. — Parois de l'abdomen. | HARTMANN. — Estomac.
BERGER. — Hernies. | FAURE et RIEFFEL. — Rectum et
JALAGUIER. — Contusions et plaies | anus.
de l'abdomen, lésions traumatiques et | HARTMANN et GOSSET. — Anus
corps étrangers de l'estomac et de | contre nature. Fistules stercorales.
l'intestin. Occlusion intestinale, pé- | QUÉNU. — Mésentère. Rate. Pancréas.
ritonites, appendicite. | SEGOND. — Foie.

TOME VII. — *1 fort vol. avec figures dans le texte* (Sous presse).

WALTHER. — Bassin. | FORGUE. — Urètre et prostate.
TUFFIER. — Rein. Vessie. Uretères. | RECLUS. — Organes génitaux de
Capsules surrénales. | l'homme.

TOME VIII. — *1 fort vol. avec figures dans le texte* (Sous presse).

MICHAUX. — Vulve et vagin. | ovaires, trompes, ligaments larges,
P. DELBET. — Maladies de l'utérus. | péritoine pelvien.
SEGOND. — Annexes de l'utérus, | KIRMISSON. — Maladies des membres.

CHARCOT — BOUCHARD — BRISSAUD

BABINSKI, BALLET, P. BLOCQ, BOIX, BRAULT, CHANTEMESSE,
CHARRIN, CHAUFFARD, COURTOIS-SUFFIT, DUTIL, GILBERT, GUIGNARD,
L. GUINON, HALLION, LAMY, LE GENDRE, MARFAN, MARIE, MATHIEU
NETTER, ŒTTINGER, ANDRÉ PETIT, RICHARDIÈRE, ROGER, RUAULT,
SOUQUES, THIBIERGE, THOINOT, FERNAND WIDAL.

Traité de Médecine

DEUXIÈME ÉDITION

PUBLIÉ SOUS LA DIRECTION DE MM.

BOUCHARD	**BRISSAUD**
Professeur de pathologie générale	Professeur agrégé
à la Faculté de médecine de Paris,	à la Faculté de médecine de Paris,
Membre de l'Institut.	Médecin de l'hôpital Saint-Antoine.

CONDITIONS DE PUBLICATION

Les matières contenues dans la deuxième édition du TRAITÉ DE MÉDECINE seront augmentées d'un cinquième environ. Pour la commodité du lecteur, cette édition formera **dix volumes** *qui paraîtront successivement et à des intervalles rapprochés, de telle façon que l'ouvrage soit complet dans le courant de 1900. Chaque volume sera vendu séparément. Le prix de l'ouvrage est fixé dès à présent pour les souscripteurs jusqu'à la publication du Tome III, à 150 fr.*

TOME Iᵉʳ

1 vol. gr. in-8º de 845 pages, avec figures dans le texte. **16 fr.**

Les Bactéries, par L. GUIGNARD, membre de l'Institut et de l'Académie de médecine, professeur à l'École de Pharmacie de Paris. — **Pathologie générale infectieuse,** par A. CHARRIN, professeur remplaçant au Collège de France, directeur de laboratoire de médecine expérimentale, médecin des hôpitaux. — **Troubles et maladies de la Nutrition,** par PAUL LE GENDRE, médecin de l'hôpital Tenon. — **Maladies infectieuses communes à l'homme et aux animaux,** par G.-H. ROGER, professeur agrégé, médecin de l'hôpital de la Porte-d'Aubervilliers.

TOME II   *VIENT DE PARAITRE*

1 vol. grand in-8º de 894 pages avec figures dans le texte. **16 fr.**

Fièvre typhoïde, par A. CHANTEMESSE, professeur à la Faculté de médecine de Paris, médecin des hôpitaux. — **Maladies infectieuses,** par F. WIDAL, professeur agrégé, médecin des hôpitaux de Paris. — **Typhus exanthématique,** par L.-H. THOINOT, professeur agrégé, médecin des hôpitaux de Paris. — **Fièvres éruptives,** par L. GUINON, médecin des hôpitaux de Paris. — **Erysipèle,** par E. BOIX, chef de laboratoire à la Faculté. — **Diphtérie,** par A. RUAULT. — **Rhumatisme,** par ŒTTINGER, médecin des hôpitaux de Paris. — **Scorbut,** par TOLLEMER, ancien interne des hôpitaux.

TOME III   Pour paraître en mai

1 vol. grand in-8º avec figures dans le texte.

Maladies cutanées, par G. THIBIERGE, médecin de l'hôpital de la Pitié. — **Maladies vénériennes,** par G. THIBIERGE. — **Pathologie du sang,** par A. GILBERT, professeur agrégé, médecin des hôpitaux de Paris. — **Intoxications,** par A. RICHARDIÈRE, médecin des hôpitaux de Paris.

Traité
de Microbiologie

PAR

E. DUCLAUX

MEMBRE DE L'INSTITUT

PROFESSEUR A LA SORBONNE ET A L'INSTITUT AGRONOMIQUE

DIRECTEUR DE L'INSTITUT PASTEUR

7 volumes grand in-8° avec figures dans le texte.

VIENT DE PARAITRE .

TOME II

Diastases, Toxines et Venins

1 fort volume grand in-8° avec figures dans le texte.   **15 francs.**

..... Comme l'auteur l'avait annoncé, ce volume est consacré aux diastases, aux toxines et aux venins. C'est là une science toute nouvelle, qui a évolué progressivement depuis une vingtaine d'années et surtout pendant les dix dernières années ; mais c'est en même temps une science extrêmement importante, car les diastases jouent un rôle capital dans les actions multiples du monde des ferments, auquel elles ne paraissent pas appartenir d'ailleurs, quoi qu'on les désigne parfois sous le nom de ferments non figurés. Leur nombre est très considérable ; on peut presque dire, d'après M. Duclaux, qu'il égale celui des espèces microbiennes : celles qui sont connues aujourd'hui appartiennent à des familles dont les caractères sont très nets et précis.

Il ne saurait nous appartenir de suivre M. Duclaux dans l'exposé magistral qu'il fait du rôle des diastases ; l'importance de ce rôle est indiquée dans cette phrase du savant auteur : « Les diastases nous apparaissent comme les agents essentiels du fonctionnement de nos tissus. A ce point de vue, elles ont détrôné la cellule. » Nous devons nous borner à exposer le plan du volume qui leur est consacré. Dans une première partie, M. Duclaux se livre à l'étude systématique des diastases ; il en examine les diverses familles et leur mode particulier d'action ; il étudie l'influence des agents extérieurs sur leur action ; il montre leur influence notamment dans la coagulation, dans la saccharification, etc. La deuxième partie du volume est consacrée à l'étude particulière des diverses diastases que M. Duclaux examine séparément.

Quand nous aurons dit qu'au cours de l'ouvrage le savant directeur de l'Institut Pasteur indique les analogies et les différences qui existent entre les diastases et les toxines, celles-ci paraissant différer des premières surtout par leur rôle physiologique, nous aurons résumé brièvement les matières contenues dans ce nouveau volume. Mais on doit ajouter qu'on retrouve ici les qualités maîtresses de précision et de netteté qui caractérisent à un si haut degré les œuvres scientifiques de M. Duclaux.   (*Journal de l'Agriculture*, 17 décembre 1898.)

DÉJA PUBLIÉ :

Tome I. — **Microbiologie générale.** — 1 fort volume grand in-8°, avec figures dans le texte. . . . . **15 francs.**

Traité des   *OUVRAGE COMPLET*

Maladies de l'Enfance

PUBLIÉ SOUS LA DIRECTION DE MM.

J. GRANCHER

Professeur à la Faculté de médecine de Paris,
Membre de l'Académie de médecine, médecin de l'hôpital des Enfants-Malades,

J. COMBY
Médecin
de l'hôpital des Enfants-Malades.

A.-B. MARFAN
Agrégé,
Médecin des hôpitaux.

5 vol. grand in-8º avec figures dans le texte. . **90** fr.

DIVISIONS DE L'OUVRAGE

TOME I. — 1 *vol. in-8º de* xvi-816 *pages avec fig. dans le texte.* **18** fr.
Physiologie et hygiène de l'enfance. — Considérations thérapeutiques sur les maladies de l'enfance. — Maladies infectieuses.

TOME II. — 1 *vol. in-8º de* 818 *pages avec fig. dans le texte.* **18** fr.
Maladies générales de la nutrition. — Maladies du tube digestif.

TOME III. — 1 *vol. de* 950 *pages avec figures dans le texte.* **20** fr.
Abdomen et annexes. — Appareil circulatoire. — Nez, larynx et annexes.

TOME IV. — 1 *vol. de* 880 *pages avec figures dans le texte.* **18** *fr.*
Maladies des bronches, du poumon, des plèvres, du médiastin. — Maladies du système nerveux.

TOME V. — 1 *vol. de* 890 *pages avec figures dans le texte.* **18** fr.
Organes des sens. — Maladies de la peau. — Maladies du fœtus et du nouveau-né. — Maladies chirurgicales des os, articulations, etc. — *Table alphabétique des matières des 5 volumes.*

CHAQUE VOLUME EST VENDU SÉPARÉMENT

Traité de Thérapeutique chirurgicale

PAR

Emile FORGUE
Professeur de clinique chirurgicale
à la Faculté de médecine de Montpellier,
Membre correspondant
de la Société de Chirurgie.
Chirurgien en chef de l'hôpital St-Eloi,
Médecin-major hors cadre.

Paul RECLUS
Professeur agrégé
à la Faculté de médecine de Paris,
Chirurgien de l'hôpital Laënnec,
Secrétaire général
de la Société de Chirurgie,
Membre de l'Académie de médecine.

DEUXIÈME ÉDITION ENTIÈREMENT REFONDUE
AVEC 472 FIGURES DANS LE TEXTE
2 volumes grand in-8º de 2116 *pages.* . . . . **34** fr.

Bibliothèque

d'Hygiène thérapeutique

DIRIGÉE PAR

Le Professeur PROUST

Membre de l'Académie de médecine, Médecin de l'Hôtel-Dieu,
Inspecteur général des Services sanitaires.

---

*Chaque ouvrage forme un volume in-16, cartonné toile, tranches rouges
et est vendu séparément : 4 fr.*

Chacun des volumes de cette collection n'est consacré qu'à une seule maladie ou à un seul groupe de maladies. Grâce à leur format, ils sont d'un maniement commode. D'un autre côté, en accordant un volume spécial à chacun des grands sujets d'hygiène thérapeutique, il a été facile de donner à leur développement toute l'étendue nécessaire.

L'hygiène thérapeutique s'appuie directement sur la pathogénie ; elle doit en être la conclusion logique et naturelle. La genèse des maladies sera donc étudiée tout d'abord. On se préoccupera moins d'être absolument complet que d'être clair. On ne cherchera pas à tracer un historique savant, à faire preuve de brillante érudition, à encombrer le texte de citations bibliographiques. On s'efforcera de n'exposer que les données importantes de pathogénie et d'hygiène thérapeutique et à les mettre en lumière.

VOLUMES PARUS

L'Hygiène du Goutteux, par le professeur Proust et A. Mathieu, médecin de l'hôpital Andral.

L'Hygiène de l'Obèse, par le professeur Proust et A. Mathieu, médecin de l'hôpital Andral.

L'Hygiène des Asthmatiques, par E. Brissaud, professeur agrégé, médecin de l'hôpital Saint-Antoine.

L'Hygiène du Syphilitique, par H. Bourges, préparateur au laboratoire d'hygiène de la Faculté de médecine.

Hygiène et thérapeutique thermales, par G. Delfau, ancien interne des hôpitaux de Paris.

Les Cures thermales, par G. Delfau, ancien interne des Hôpitaux de Paris.

L'Hygiène du Neurasthénique, par le professeur Proust et G. Ballet, professeur agrégé, médecin des hôpitaux de Paris.

L'Hygiène des Albuminuriques, par le Dr Springer, ancien interne des hôpitaux de Paris, chef de laboratoire de la Faculté de médecine à la Clinique médicale de l'hôpital de la Charité.

L'Hygiène du Tuberculeux, par le Dr Chuquet, ancien interne des hôpitaux de Paris, avec une introduction du Dr Daremberg, membre correspondant de l'Académie de médecine.

Hygiène et thérapeutique des maladies de la Bouche, par le Dr Cruet, dentiste des hôpitaux de Paris, avec une préface de M. le professeur Lannelongue, membre de l'Institut.

Hygiène des maladies du Cœur, par le Dr Vaquez, médecin des hôpitaux de Paris.

Hygiène du Diabétique, par A. Proust et A. Mathieu.

VOLUMES EN PRÉPARATION

L'Hygiène des Dyspeptiques, par le Dr Linossier.

Hygiène thérapeutique des maladies de la peau, par le Dr Thibierge

L'ŒUVRE MÉDICO-CHIRURGICAL
Dr CRITZMAN, directeur

Suite de Monographies cliniques

SUR LES QUESTIONS NOUVELLES

en Médecine, en Chirurgie et en Biologie

La science médicale réalise journellement des progrès incessants ; les questions et découvertes vieillissent pour ainsi dire au moment même de leur éclosion. Les traités de médecine et de chirurgie, quelque rapides que soient leurs différentes éditions, auront toujours grand'peine à se tenir au courant.

C'est pour obvier à ce grave inconvénient, auquel les journaux, malgré la diversité de leurs matières, ne sauraient remédier, que nous avons fondé, avec le concours des savants et des praticiens les plus autorisés, un recueil de Monographies dont le titre général, *l'Œuvre médico-chirurgical*, nous paraît bien indiquer le but et la portée.

Nous publions, aussi souvent qu'il est nécessaire, des fascicules de 30 à 40 pages dont chacun résume et met au point une question médicale à l'ordre du jour, et cela de telle sorte qu'aucune ne puisse être omise au moment opportun.

CONDITIONS DE LA PUBLICATION

Chaque monographie est vendue séparément . . . . . . **1** *fr.* **25**

Il est accepté des abonnements pour une série de 10 Monographies au prix à forfait et payable d'avance de **10** francs pour la France et **12** francs pour l'étranger (port compris).

MONOGRAPHIES PUBLIÉES

N° 1. **L'Appendicite**, par le Dr Félix Legueu, chirurgien des hôpitaux.

N° 2. **Le Traitement du mal de Pott**, par le Dr A. Chipault, de Paris.

N° 3. **Le Lavage du Sang**, par le Dr Lejars, professeur agrégé, chirurgien des hôpitaux, membre de la Société de chirurgie.

N° 4. **L'Hérédité normale et pathologique**, par le D^r Ch. Debierre, professeur d'anatomie à l'Université de Lille.

N° 5. **L'Alcoolisme**, par le Dr Jaquet, privat-docent à l'Université de Bâle.

N° 6. **Physiologie et pathologie des sécrétions gastriques**, par le Dr A. Verhaegen, assistant à la Clinique médicale de Louvain.

N° 7. **L'Eczéma**, par le Dr Lerenne, chef de laboratoire, assistant de consultation à l'hôpital Saint-Louis.

N° 8. **La Fièvre jaune**, par le Dr Sanarelli, directeur de l'Institut d'hygiène expérimentale de Montévidéo.

N° 9. **La Tuberculose du rein**, par le Dr Tuffier, professeur agrégé, chirurgien de l'hôpital de la Pitié.

N° 10. **L'Opothérapie. Traitement de certaines maladies par des extraits d'organes animaux**, par A. Gilbert, professeur agrégé, chef du laboratoire de thérapeutique à la Faculté de médecine de Paris, et P. Carnot, docteur ès sciences, ancien interne des hôpitaux de Paris.

N° 11. **Les Paralysies générales progressives**, par le Dr Klippel, médecin des hôpitaux de Paris.

N° 12. **Le Myxœdème**, par le Dr Thibierge, médecin de l'hôpital de la Pitié.

N° 13. **La Néphrite des Saturnins**, par le Dr H. Lavrand, professeur à la Faculté catholique de Lille.

N° 14. **Le Traitement de la Syphilis**, par le Dr E. Gaucher, professeur agrégé, médecin de l'hôpital Saint-Antoine.

N° 15. **Le Pronostic des tumeurs basé sur la recherche du glycogène**, par le Dr A. Brault, médecin de l'hôpital Tenon.

N° 16. **La Kinésithérapie gynécologique** (*Traitement des maladies des femmes par le massage et la gymnastique*), par le Dr H. Stapfer, ancien chef de clinique de la Faculté de Paris.

Les maladies microbiennes des Animaux, par Ed. NOCARD, professeur à l'École d'Alfort, membre de l'Académie de médecine, et E. LECLAINCHE, professeur à l'École vétérinaire de Toulouse. *Deuxième édition, entièrement refondue.* 1 fort volume grand in-8°. . . . . **16** fr.

Traité des maladies chirurgicales d'origine congénitale, par le Dr E. KIRMISSON, professeur agrégé à la Faculté de médecine, chirurgien de l'Hôpital Trousseau, membre de la Société de Chirurgie. 1 volume grand in-8° avec 311 figures dans le texte et 2 planches en couleurs. . . . . **15** fr.

Recherches anatomiques et cliniques sur le glaucome et les néoplasmes intra-oculaires, par Ph. PANAS, professeur de clinique ophtalmologique à la Faculté de médecine, chirurgien de l'Hôtel-Dieu, membre de l'Académie de médecine, et le Dr ROCHON-DUVIGNEAUD, ancien chef de clinique de la Faculté. 1 volume in-8° avec 41 figures dans le texte . . . . **7** fr.

Traité d'Ophtalmoscopie, par Étienne ROLLET, professeur agrégé à la Faculté de médecine, chirurgien des hôpitaux de Lyon. 1 volume in-8° avec 50 photographies en couleurs et 75 figures dans le texte, cartonné toile, tranches rouges. . . . . . **9** fr.

Cliniques chirurgicales de l'Hôtel-Dieu, par Simon DUPLAY, professeur de clinique chirurgicale à la Faculté de médecine de Paris, membre de l'Académie de médecine, chirurgien de l'Hôtel-Dieu, recueillies et publiées par les Drs **Maurice CAZIN**, chef de clinique chirurgicale à l'Hôtel-Dieu, et S. **CLADO**, chef des travaux gynécologiques. *Deuxième série.* 1 volume grand in-8° avec figures . . . . **8** fr.

Consultations médicales sur quelques maladies fréquentes. *Quatrième édition, revue et considérablement augmentée,* suivie de quelques principes de Déontologie médicale et précédée de quelques règles pour l'examen des malades, par le Dr **J. GRASSET**, professeur de clinique médicale à l'Université de Montpellier, correspondant de l'Académie de médecine. 1 volume in-16, reliure souple, peau pleine. . . . . **4** fr. **50**

Chirurgie opératoire de l'Oreille moyenne, par A. BROCA, chirurgien de l'hôpital Trousseau, professeur agrégé à la Faculté de médecine de Paris. 1 volume in-8° avec 98 figures dans le texte . . . . **3** fr. **50**

BRISSAUD (E.), professeur agrégé·à la Faculté de médecine de Paris, médecin de l'hôpital Saint-Antoine.

eçons sur les maladies nerveuses; *deuxième série; hôpi-
.al Saint-Antoine*, recueillies par Henry MEIGE. 1 vol. gr.
in-8º avec 165 figures dans le texte . . . . **15 fr.**

DIEULAFOY (G.), professeur de clinique médicale à la Faculté de médecine de Paris, médecin de l'Hôtel-Dieu, membre de l'Académie de médecine.

Clinique médicale de l'Hôtel-Dieu (1896-1897). 1 vol.
grand in-8º, avec figures dans le texte et 1 planche hors
texte . . . . **10 fr.**

Clinique médicale de l'Hôtel-Dieu (1897-1898). 1 vol.
grand in-8º, avec figures dans le texte. . . . . . **10 fr.**

PONCET (A.), professeur de clinique chirurgicale à la Faculté de médecine de Lyon, chirurgien en chef de l'Hôtel-Dieu, et **L. BÉRARD**, chef de clinique à la Faculté de médecine de Lyon, ancien interne des hôpitaux.

Traité clinique de l'actinomycose humaine, des pseudo-
actinomycoses et de la botryomycose. 1 vol. in-8º,
avec 45 figures dans le texte et 4 planches hors texte en
couleurs. . . . . **12 fr.**

CHARRIN (A.), professeur remplaçant au Collège de France, direc-
teur du laboratoire de médecine expérimentale (Hautes-Études), ancien vice-président de la Société de Biologie, médecin des hôpitaux.

Les défenses naturelles de l'organisme ; *leçons professées
au Collège de France*. 1 vol. in-8º. . . . . **6 fr.**

PANAS (Ph.), professeur de clinique ophtalmologique à la Faculté de médecine de Paris, chirurgien de l'Hôtel-Dieu, membre de l'Académie de médecine.

Leçons de clinique ophtalmologique professées à l'Hôtel-
Dieu, recueillies et publiées par le Dr A. CASTAN, de Béziers.
1 vol. in-8º avec figures dans le texte . . . . . . **5 fr.**

FLOQUET (Dr Ch.), licencié en droit, médecin en chef du Palais de Justice et du Tribunal de Commerce de Paris.

Code pratique des honoraires médicaux, ouvrage indispensable aux Médecins, Sages-Femmes, Chirurgiens, Den-
tistes, Pharmaciens, Étudiants, avec une préface de
M. BROUARDEL, doyen de la Faculté de médecine de Paris.
2 vol. petit in-8º . . . . **10 fr.**

Traité d'Anatomie Humaine

PUBLIÉ SOUS LA DIRECTION DE

P. POIRIER
Professeur agrégé
à la Faculté de Médecine de Paris
Chirurgien des Hôpitaux.

A. CHARPY
Professeur d'anatomie
à la Faculté de Médecine
de Toulouse.

PAR MM.

A. CHARPY
Professeur d'anatomie
à la Faculté de Toulouse.

A. NICOLAS
Professeur d'anatomie
à la Faculté de Nancy.

A. PRENANT
Professeur d'histologie
à la Faculté de Nancy.

P. POIRIER
Professeur agrégé
à la Faculté de médecine
de Paris
Chirurgien des hôpitaux.

P. JACQUES
Professeur agrégé
à la Faculté de Nancy
Chef des travaux
anatomiques.

RIEFFEL
Chef des travaux anato-
miques à la Faculté
de Médecine de Paris
Chirurgien des hôpitaux.

M. Poirier s'est associé, pour la direction de cette importante publi-
cation, son ami et collaborateur M. le professeur A. Charpy. En réunis-
sant leurs efforts, les deux directeurs pourront hâter l'achèvement de
l'ouvrage et le mener à bonne fin dans le courant de l'année 1899.

ÉTAT DE LA PUBLICATION AU 1er AVRIL 1899

TOME PREMIER

Embryologie; Ostéologie; Arthrologie. *Deuxième édition.* Un volume
grand in-8º avec 807 figures en noir et en couleurs . . . . . **20 fr.**

TOME DEUXIÈME

1er Fascicule : **Myologie.** Un volume grand in-8º avec 312 figures. **12 fr.**
2e Fascicule : **Angéiologie** (*Cœur et Artères*). Un volume grand
in-8º avec 145 figures en noir et en couleurs . . . . **8 fr.**
3e Fascicule : **Angéiologie** (*Capillaires, Veines*). Un volume grand
in-8º avec 75 figures en noir et en couleurs . . . . **6 fr.**

TOME TROISIÈME

1er Fascicule : **Système nerveux** (*Méninges, Moelle, Encéphale*).
1 vol. grand in-8º avec 201 figures en noir et en couleurs . . **10 fr.**
2e Fascicule : **Système nerveux** (*Encéphale*). Un vol. grand-in-8º
avec 206 figures en noir et en couleurs. . . . . **12 fr.**

TOME QUATRIÈME

1er Fascicule : **Tube digestif.** Un volume grand in-8º, avec
158 figures en noir et en couleurs . . . . **12 fr.**
2e Fascicule : **Appareil respiratoire;** *Larynx, trachée, poumons,*
plèvres, thyroïde, thymus. Un volume grand in-8º, avec
121 figures en noir et en couleurs. . . . . **6 fr.**

IL RESTE A PUBLIER :

Un fascicule du tome II (Lymphatiques);
Un fascicule du tome III (Nerfs périphériques. Organes des sens);
Un fascicule du tome IV (Organes génito-urinaires).

PETITE BIBLIOTHÈQUE DE " LA NATURE "

Recettes et Procédés utiles, recueillis par Gaston Tissandier, rédacteur en chef de *la Nature. Neuvième édition.*

Recettes et Procédés utiles. *Deuxième série :* **La Science pratique,** par Gaston Tissandier. *Cinquième édition*, avec figures dans le texte.

Nouvelles Recettes utiles et Appareils pratiques. *Troisième série*, par Gaston Tissandier. *Troisième édition*, avec 91 figures dans le texte.

Recettes et Procédés utiles. *Quatrième série*, par Gaston Tissandier. *Deuxième édition*, avec 38 figures dans le texte.

Recettes et Procédés utiles. *Cinquième série*, par J. Laffargue, secrétaire de la rédaction de *la Nature.* Avec figures dans le texte.

Chacun de ces volumes in-18 est vendu séparément

Broché . . . . 2 fr. 25 | Cartonné toile . . . . . . 3 fr.

La Physique sans appareils et la Chimie sans laboratoire, par Gaston Tissandier, rédacteur en chef de *la Nature. Septième édition* des *Récréations scientifiques. Ouvrage couronné par l'Académie (Prix Montyon).* Un volume in-8° avec nombreuses figures dans le texte. Broché, **3 fr.** Cartonné toile, **4 fr.**

Dictionnaire usuel des Sciences médicales

PAR MM.

DECHAMBRE, MATHIAS DUVAL, LEREBOULLET

Membres de l'Académie de médecine.

TROISIÈME ÉDITION, REVUE ET COMPLÉTÉE

1 *vol. gr. in-8° de* 1.800 *pages, avec* 450 *fig., relié toile.* **25 fr.**

Ce dictionnaire usuel s'adresse à la fois aux médecins et aux gens du monde. Les premiers y trouveront aisément, à propos de chaque maladie, l'exposé de tout ce qu'il est essentiel de connaître pour assurer, dans les cas difficiles, un diagnostic précis. Les gens du monde se familiariseront avec les noms souvent barbares que l'on donne aux symptômes morbides et aux remèdes employés pour les combattre. En attendant le médecin, ils pourront parer aux premiers accidents, et, en cas d'urgence, assurer les premiers secours.

Traité

des Matières colorantes

ORGANIQUES ET ARTIFICIELLES

de leur préparation industrielle et de leurs applications

Par Léon LEFÈVRE

Ingénieur (E. I. R.), Préparateur de chimie à l'École Polytechnique.

Préface de **E. GRIMAUX**, *membre de l'Institut.*

2 volumes grand in-8° comprenant ensemble 1.650 pages, reliés toile anglaise, avec 31 gravures dans le texte et 261 échantillons.

Prix des deux volumes : **90 francs.**

Le *Traité des matières colorantes* s'adresse à la fois au monde scientifique par l'étude des travaux réalisés dans cette branche si compliquée de la chimie, et au public industriel par l'exposé des méthodes rationnelles d'emploi des colorants nouveaux. L'auteur a réuni dans des tableaux qui permettent de trouver facilement une couleur quelconque, toutes les couleurs indiquées dans les mémoires et dans les brevets. La partie technique contient, avec l'indication des brevets, les procédés employés pour la fabrication des couleurs, la description et la figure des appareils, ainsi que la description des procédés rationnels d'application des couleurs les plus récentes. Cette partie importante de l'ouvrage est illustrée par un grand nombre d'échantillons teints ou imprimés, *fabriqués spécialement pour l'ouvrage.*

Chimie

des Matières colorantes

PAR

A. SEYEWETZ	**P. SISLEY**
Chef des travaux	Chimiste - Coloriste
à l'École de chimie industrielle de Lyon	

1 *volume grand in-8° de 822 pages* . . . . **30** *fr.*

Les auteurs, dans cette importante publication, se sont proposé de réunir sous la forme la plus rationnelle et la plus condensée tous les éléments pouvant contribuer à l'*enseignement de la chimie des matières colorantes*, qui a pris aujourd'hui une extension si considérable. Cet ouvrage est, par le plan sur lequel il est conçu, d'une utilité incontestable non seulement aux chimistes se destinant soit à la fabrication des matières colorantes, soit à la teinture, mais à tous ceux qui sont désireux de se tenir au courant de ces remarquables industries.

Manuel pratique
de l'Analyse des Alcools
ET DES SPIRITUEUX

PAR

Charles GIRARD | **Lucien CUNIASSE**
Directeur du Laboratoire municipal | Chimiste-expert
de la Ville de Paris. | de la Ville de Paris.

1 volume in-8° avec figures et tableaux dans le texte. Relié toile.

Ce nouveau manuel pratique de l'analyse des alcools et des spiritueux forme un recueil dans lequel les nombreux procédés analytiques qui intéressent les produits alcooliques se trouvent condensés sous une forme brève et exacte, dans le but d'éviter les recherches au chimiste praticien.

Au début du livre, les auteurs divulguent les secrets de la dégustation ; ils passent ensuite en revue les différentes méthodes et les appareils proposés pour le dosage direct de l'alcool. La méthode de distillation est décrite avec soins, en indiquant les précautions à prendre afin d'éviter les causes d'erreurs et d'unifier les résultats obtenus. De nombreuses tables très complètes accompagnent les différents chapitres. Les méthodes d'analyse des spiritueux sont exposées de façon à pouvoir être mises en œuvre pratiquement, et presque sans raisonnement ; ces méthodes sont données avec les dernières modifications qui ont pu leur être apportées. Des tables et des courbes inédites, rigoureusement exactes, accompagnent les méthodes. Enfin des tableaux représentant les résultats de l'analyse d'un grand nombre d'échantillons en spiritueux terminent l'ouvrage.

Cent vingt Exercices
de Chimie pratique

Décrits d'après les textes originaux et les notes de laboratoire et choisis pour former les chimistes

PAR

Armand GAUTIER | **J. ALBAHARY**
Membre de l'Institut, | Doct. Phil. des Laboratoires
Professeur à la Faculté de médecine. | de E. Fischer et A. Gautier.

1 volume in-16, avec figures dans le texte. Relié toile. . . . 3 fr.

Ce petit ouvrage a pour but de former au métier de chimiste ceux qui ont déjà quelque habitude du laboratoire. Il consiste en une suite de préparations, ou exercices, empruntés aux diverses branches de la science. Mais ces exercices, toujours décrits avec détail d'après les textes des auteurs originaux ou la pratique du laboratoire, sont suffisamment précisés pour que l'élève puisse les exécuter pour ainsi dire sans maître, et leur choix est tel qu'il permet d'aborder successivement les sujets les plus intéressants et les plus délicats de la chimie minérale, organique et biologique.

Ce livre est à la fois un guide de laboratoire et un éducateur méthodique. En le suivant pas à pas, un bon étudiant peut facilement, en une année, se former comme chimiste praticien, et prendre une idée très complète des principales synthèses de la chimie, des méthodes qu'elle met en œuvre, et de l'analyse immédiate.

La Photographie Française

REVUE MENSUELLE ILLUSTRÉE

*des Applications de la Photographie à la Science, à l'Art
et à l'Industrie.*

Louis GASTINE, Directeur

Tirée *sur beau papier de luxe, abondamment illustrée de magnifiques phototypies* et de *simili-gravures hors texte*, ainsi que d'une foule de reproductions de tous genres intercalées dans le texte, **La PHOTOGRAPHIE FRANÇAISE** est le journal **le plus lu** et **le moins cher** de tous les véritables journaux de photographie.

C'est un organe *absolument indépendant, ouvert à toutes les communications intéressantes* et fait dans un esprit absolument libéral pour contribuer au progrès de la photographie de la façon la plus élevée.

La PHOTOGRAPHIE FRANÇAISE *peut être mise dans toutes les mains.* En dehors de ses *chroniques d'actualité illustrées,* **La PHOTOGRAPHIE FRANÇAISE** publie des articles de fond sur toutes les plus récentes applications de la photographie à la science, à l'art et à l'industrie; des **relations de voyage**, des **nouvelles** et des **romans** illustrés par la photographie. — Elle rend compte de toutes les *nouvelles créations d'appareils et de produits photographiques.* — Elle signale tous les *procédés*, les nouvelles *recettes*, les nouvelles *formules*, les nouveaux *brevets* photographiques et publie dans ses *Échos* toutes les *informations* capables, à un titre quelconque, d'intéresser ceux qui s'occupent de photographie. Chaque numéro contient une **Revue** de tous les journaux de photographies. — Enfin, elle mentionne tous les *Concours*, les *Expositions*, les *excursions, Congrès* et *Conférences* photographiques ainsi que les travaux des Sociétés françaises et étrangères, sans préjudice des articles qu'elle consacre à la vulgarisation des innombrables applications de la photographie par de véritables traités pratiques sur tous les travaux spéciaux de cet art.

C'est un journal technique, mais rédigé de façon à être compris par les lecteurs les plus étrangers aux choses photographiques et dont la lecture est **très attrayante** parce que chaque numéro contient une part considérable de *Variétés littéraires, artistiques, industrielles et scientifiques* que tout le monde peut apprécier.

ABONNEMENTS :

UN AN. — Paris, 6 fr. 50. — Province, 7 fr. — Étranger, 8 fr.

Prix spéciaux pour les abonnés de LA NATURE

Paris : 5 fr. — Départ. : 5 fr. 50. — Étranger : 7 fr.

Envoi de numéros spécimens à toute personne qui en fait la demande.

Paris. — L. Maretheux, imprimeur, 1, rue Cassette. — 15432.

ENCYCLOPÉDIE SCIENTIFIQUE DES AIDE-MÉMOIRE

DIRIGÉE PAR M. LÉAUTÉ, MEMBRE DE L'INSTITUT

Collection de 300 volumes petit in-8 (24 volumes publiés par an)

CHAQUE VOLUME SE VEND SÉPARÉMENT : BROCHÉ, 2 FR. 50; CARTONNÉ, 3 FR.

Ouvrages parus

Section de l'Ingénieur

PICOU. — Distribution de l'électricité. (2 vol.). — Canalisations électriques.

A. GOUILLY.— Air comprimé ou raréfié. — Géométrie descriptive (3 vol.).

DWELSHAUVERS-DERY. — Machine à vapeur.— I. Calorimétrie. — II. Dynamique.

A. MADAMET.— Tiroirs et distributeurs de vapeur. — Détente variable de la vapeur. — Épures de régulation.

M. DE LA SOURCE.— Analyse des vins.

ALHEILIG. — I. Travail des bois. — II. Corderie. — III. Construction et résistance des machines à vapeur.

AIMÉ WITZ. — I. Thermodynamique.— II. Les moteurs thermiques.

LINDET. — La bière.

SAUVAGE.— Moteurs à vapeur.

LE CHATELIER. — Le grisou.

DUDEBOUT. — Appareils d'essai des moteurs à vapeur.

CRONEAU. — I. Canon, torpilles et cuirasse. — II. Construction du navire.

H. GAUTIER.— Essais d'or et d'argent.

BERTIN.— État de la marine de guerre.

BERTHELOT. — Calorimétrie chimique.

DE VIARIS. — L'art de chiffrer et déchiffrer les dépêches secretes.

GUILLAUME. — Unités et étalons.

WIDMANN.— Principes de la machine à vapeur.

MINEL (P.). — Électricité industrielle. (2 vol.). — Électricité appliquée à la marine. — Régularisation des moteurs des machines électriques.

HÉBERT. — Boissons falsifiées.

NAUDIN. — Fabrication des vernis.

SINIGAGLIA.— Accidents de chaudières.

VERMAND.— Moteurs à gaz et à pétrole.

BLOCH. — Eau sous pression.

DE MARCHENA. — Machines frigorifiques (2 vol.).

PRUD'HOMME.— Teinture et impression.

SOREL. — I. La rectification de l'alcool. — II. La distillation.

DE BILLY. — Fabrication de la fonte.

HENNEBERT (C¹). — I. La fortification. — II. Les torpilles sèches. — III. Bouches à feu. — IV. Attaque des places. — V. Travaux de campagne. — VI. Communications militaires.

CASPARI. — Chronomètres de marine.

Section du Biologiste

FAISANS. — Maladies des organes respiratoires.

MAGNAN et SÉRIEUX. — I. Le délire chronique. — II. La paralysie générale.

AUVARD. — I Séméiologie génitale. — II. Menstruation et fécondation.

G. WEISS. — Électro-physiologie.

BAZY. — Maladies des voies urinaires. (2 vol.).

TROUSSEAU. — Hygiène de l'œil.

FÉRÉ.— Épilepsie.

LAVERAN. — Paludisme.

POLIN et LABIT. — Aliments suspects.

BERGONIE. — Physique du physiologiste et de l'étudiant en médecine.

MEGNIN.— I. Les acariens parasites. — II. La faune des cadavres.

DEMELIN.— Anatomie obstétricale.

TH. SCHLŒSING fils. — Chimie agricole.

CUÉNOT. — I. Les moyens de défense dans la série animale. — II. L'influence du milieu sur les animaux

A. OLIVIER. — L'accouchement normal.

BERGÉ.— Guide de l'étudiant à l'hôpital.

CHARRIN.— Poisons de l'organisme (3 v.)

ROGER. — Physiologie du foie.

BROCQ et JACQUET. — Précis élémentaire de dermatologie (5 vol.).

HANOT. — De l'endocardite aiguë.

DE BRUN.— Maladies des pays chauds. (2 vol.).

BROCA. — Tumeurs blanches des membres chez l'enfant.

D' CAZAL ET CATRIN. — Médecine légale militaire.

LAPERSONNE (DE). — Maladies des paupières.

KŒHLER. — Applications de la photographie aux Sciences naturelles.

BEAUREGARD. — Le microscope.

LESAGE. — Le choléra.

LANNELONGUE.— La tuberculose chirurgicale.

CORNEVIN.— Production du lait.

J. CHATIN.— Anatomie comparée (4 v.).

CASTEX.— Hygiène de la voix.

MERKLEN. — Maladies du cœur.

G. ROCHÉ — Les grandes pêches maritimes modernes de la France.

OLLIER. — I. Résections sous-périostées. — II. Résections des grandes articulations.

ENCYCLOPÉDIE SCIENTIFIQUE DES AIDE-MÉMOIRE

Ouvrages parus

Section de l'Ingénieur

LOUIS JACQUET. — La fabrication des eaux-de-vie.

DUDEBOUT et CRONEAU. — Appareils accessoires des chaudières à vapeur.

C. BOURLET. — Bicycles et bicyclettes.

H. LÉAUTÉ et A. BÉRARD. — Transmissions par câbles métalliques.

HATT. — Les marées.

H. LAURENT. — I. Théorie des jeux de hasard. — II. Assurances sur la vie. — III. Opérations financières.

C¹ VALLIER. — Balistique (2 vol.). — Projectiles. Fusées. Cuirasses (2 vol.).

LELOUTRE. — Le fonctionnement des machines à vapeur.

DARIÈS. — Cubature des terrasses. — Conduites d'eau.

SIDERSKY. — I. Polarisation et saccharimétrie. — II. Constantes physiques.

NIEWENGLOWSKI. — Applications scientifiques et industrielles de la photographie (2 vol.).

ROCQUES (X.). — Alcools et eaux-de-vie.

MOESSARD. — Topographie.

BOURSAULT. — Calcul du temps de pose.

SEGUELA. — Les tramways.

LEFEVRE (J.). — I. La spectroscopie. — II. La spectrométrie. — III. Eclairage électrique. — IV. Eclairage aux gaz, aux huiles, aux acides gras.

BARILLOT (E.). — Distillation des bois.

MOISSAN et OUVRARD. — Le nickel.

URBAIN. — Les succédanés du chiffon en papeterie.

LOPPÉ. — I. Accumulateurs électriques. — II. Transformateurs de tension.

ARIÈS. — I. Chaleur et énergie. — II. Thermodynamique.

FABRY. — Piles électriques.

HENRIET. — Les gaz de l'atmosphère.

DUMONT. — Electromoteurs. — Automobiles sur rails.

MINET (A.). — I. L'électro-métallurgie. — II. Les fours électriques. — III. L'électro-chimie. — IV. L'électrolyse.

DUFOUR. — Tracé d'un chemin de fer.

MIRON (F.). — Les huiles minérales.

BORNECQUE. — Armement portatif.

LAVERGNE. — Les turbines.

PEBISSÉ. — Automobiles sur routes.

LECORNU. — Régularisation du mouvement dans les machines.

LE VERRIER. — La fonderie.

SEYRIG. — Statique graphique (2 vol.).

LAURENT (P.). — Déculassement des bouches à feu. — Résistance des bouches à feu.

JAUBERT. — L'industrie du goudron de houille.

Section du Biologiste

LETULLE. — Pus et suppuration.

CRITZMAN. — Le cancer. — La goutte.

ARMAND GAUTIER. — La chimie de la cellule vivante.

SÉGLAS. — Le délire des négations.

STANISLAS MEUNIER. — Les météorites.

GRÉHANT. — Les gaz du sang.

NOCARD. — Les tuberculoses animales et la tuberculose humaine.

MOUSSOUS. — Maladies congénitales du cœur.

BERTHAULT. — Les prairies (3 vol.).

TROUESSART. — Parasites des habitations humaines.

LAMY. — Syphilis des centres nerveux.

RECLUS. — La cocaïne en chirurgie.

THOULET. — Océanographie pratique.

HOUDAILLE. — Météorologie agricole.

VICTOR MEUNIER. — Sélection et perfectionnement animal.

HÉNOCQUE. — Spectroscopie biologique.

GALIPPE et BARRÉ. — Le pain (1 v.).

LE DANTEC. — I. La matière vivante. — II. La bactéridie charbonneuse. — III. La forme spécifique.

L'HOTE. — Analyse des engrais.

LARBALETRIER. — Les tourteaux. — Résidus industriels employés comme engrais (2 v.). — Beurre et margarine.

LE DANTEC et BERARD. — Les sporozoaires.

DEMMLER. — Soins aux malades.

DALLEMAGNE. — Etudes sur la criminalité (3 vol.). — Etudes sur la volonté (3 vol.).

BRAULT. — Des artérites (2 vol.).

RAVAZ. — Reconstitution du vignoble.

EHLERS. — L'ergotisme.

BONNIER. — L'oreille (5 vol.).

DESMOULINS. — Conservation des produits et denrées agricoles.

LOVERDO. — Le ver à soie.

DUBREUILH et BEILLE. — Les parasites animaux de la peau humaine.

KAYSER. — Les levures.

COLLET. — Troubles auditifs des maladies nerveuses.

LOUBIÉ. — Essences forestières (2 vol.).

MONOD. — L'appendicite.

DELOBEL et COZETTE. La vaccine.

WURTZ. — Technique bactériologique.

BAULY. — L'occlusion intestinale.

LAULANIÉ. — Energétique musculaire.

MALPEAUX. — Culture de la pomme de terre.

GIRAUDEAU. — Péricardites.

BERTHELOT (M.). — Chaleur animale (2 vol.).